普通高等教育电气类专业“十三五”规划教材

Altium Designer 电路板设计与应用

张 璞 编著

西安交通大学出版社
XI'AN JIAOTONG UNIVERSITY PRESS
国家一级出版社
全国百佳图书出版单位

内容简介

电路板设计是系统设计必不可少的环节。本书用几个实例详细介绍了使用 Altium Designer Winter 09 软件进行电路板设计的步骤和方法。本书结合作者自己多年的设计经验，主要面向电路设计的初学者，为了便于读者掌握，所举例子也是由浅入深。如果读者没有接触过电路板设计，建议按顺序阅读学习。如果读者有简单的设计经验，也可以直接从第 4 章开始学习。本书适合作为大学理工科专业电子系统设计相关课程的教材，也可供对电路板设计感兴趣的电子爱好者作为入门读物自学。

图书在版编目(CIP)数据

Altium Designer 电路板设计与应用/张璞编著. —西安：西安交通大学出版社，2019.11(2022.2 重印)
ISBN 978-7-5693-1414-4

Ⅰ.①A… Ⅱ.①张… Ⅲ.①印刷电路—计算机辅助设计—应用软件—高等学校-教材 Ⅳ.①TN410.2

中国版本图书馆 CIP 数据核字(2019)第 270248 号

书　　名 Altium Designer 电路板设计与应用
编 著 者 张　璞
责任编辑 贺峰涛

出版发行 西安交通大学出版社
(西安市兴庆南路 1 号　邮政编码 710048)
网　　址 http://www.xjtupress.com
电　　话 (029)82668357　82667874(发行中心)
(029)82668315(总编办)
传　　真 (029)82668280
印　　刷 西安日报社印务中心

开　　本 787 mm×1092 mm　1/16　**印张** 10　**字数** 250 千字
版次印次 2019 年 11 月第 1 版　2022 年 2 月第 2 次印刷
书　　号 ISBN 978-7-5693-1414-4
定　　价 36.00 元

读者购书、书店添货或发现印装质量问题，请与本社发行中心联系、调换。
订购热线：(029)82665248　(029)82665249
投稿热线：(029)82664954
读者信箱：eibooks@163.com

前　言

电路板设计是电子系统设计必不可少的环节。本书用几个实例详细介绍了使用 Altium Designer 软件进行电路板设计的步骤和方法。

本书主要面向电路设计的初学者，为了便于读者掌握，所举例子也是由浅入深，循序渐进。如果读者没有接触过电路板设计，建议最好按顺序阅读。如果读者有简单的设计经验，也可以直接从第 4 章学习。

本书在编写的过程中，得到了西安交通大学电工电子教学实验中心领导和老师们的大力支持和帮助，杨建国老师、王建校老师、金印斌老师、刘宁艳老师为这本书提出了很多建设性的修改意见，作者在此致以特别感谢。

本书结合了作者自己多年的设计经验，希望对读者的学习有所帮助，也希望读者能提出自己的宝贵意见。

作者

2019 年 6 月 27 日

目　录

第1章　概　述

本章主要介绍电路板的概念、设计软件及设计流程等，为读者学习电路板设计奠定基础。

1.1　电路板

1.1.1　电路板的概念

电路板的外形如图1-1所示，它以一定尺寸的绝缘板为基材，其上附有导电铜箔做成的焊盘和导线，用于焊接、固定电子元器件，并实现元器件之间的相互连接。

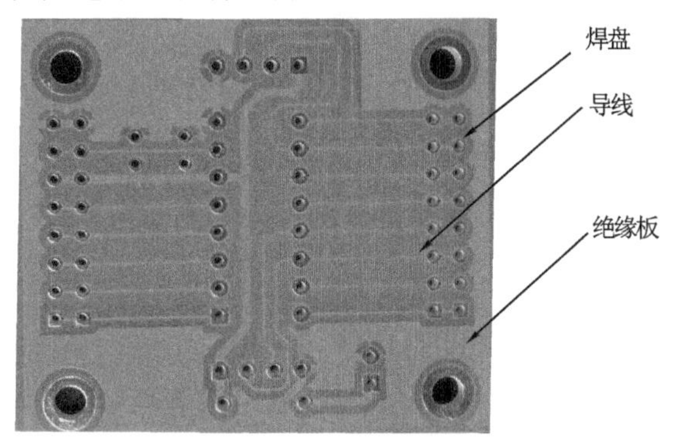

图1-1　电路板

在电路板出现之前，电子元器件间的互连多是依靠人工接线实现，与之相比，电路板在保证准确度和可靠性的基础上，可实现复杂的互连关系，目前在电子工业领域中广为应用。

电子工程师通常根据元器件的实际外形尺寸设计电路板上焊盘的大小和距离，根据元器件之间的连接关系及传输信号的特性设计导线的粗细、位置和长度，并在电路板设计完成后交给专业的制板厂家生产。

由于电路板是采用电子印刷术制作的，故被称为印刷电路板，又称印刷线路板，英文名称为 Printed Circuit Board(简称 PCB)。

1.1.2　电路板的种类

电路板按照层数可以分为单面板、双面板和多层板。

单面板上，导电铜箔(焊盘、导线)都集中在同一面，元器件安装在另一面。元器件的管脚穿过插孔到电路板有铜箔的那一面进行焊接固定。因为导电铜箔只出现在其中一面，所以我们就称这种电路板为单面板。单面板的制作过程简单，价格低廉，但在设计上有许多严格的限制，如导线间不能交叉而必须绕独自的路径等，无法实现复杂的连接关系。

双面板是单面板的延伸，当单层布线不能满足设计需要时，就要使用双面板了。双面板上下两面都有导电铜箔，通过金属化孔(过孔)来导通上下两面的导线，使之形成所需要的网络连接。

多层板是具有 3 层以上导电层的电路板，导电层间有绝缘材料相隔，如图 1－2 所示。

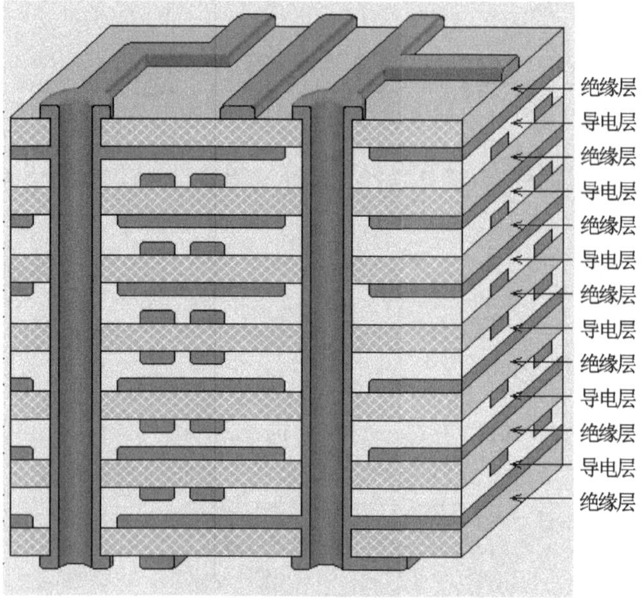

图 1－2　多层板示意图

1.2　软件简介

电路板 EDA 设计软件有很多种，目前国内常用的有 Altium 公司的系列软件、Cadence 公司的系列软件以及 Mentor 公司的系列软件等。

本书选择 Altium Designer Winter 09 软件介绍电路板的设计过程。Altium Designer Winter 09 是 Altium 公司 2009 年推出的电子产品开发系统，集成了原理图设计、PCB 设计等多个模块，可运行于多个 Windows 操作系统上，包括最新的 WIN 10 系统。

Altium Designer Winter 09 软件与之前版本的 Protel 系列软件兼容，包括 Protel 99SE、Protel DXP 2004 等，它除了全面继承包括 Protel 99SE、Protel DXP 在内的先前一系列版本的功能和优点外，还增加了许多功能，如信号完整性分析、电路仿真、FPGA 设计等。

作为 Altium 软件的一个经典版本，Altium Designer Winter 09 简单易学，对于计算机硬件配置要求不高，其功能对于初学者完全够用。此外，09 版软件的界面与后续版本基本相同，学会了 09 版后，新的版本也很容易上手。

1.3　软件界面

打开 Altium Designer Winter 09 后，首先出现启动画面，如图 1－3 所示。程序初始化后打开软件。Altium Designer Winter 09 软件界面由菜单栏、工具栏、面板、工作窗口、状态栏等组成，如图 1－4 所示。

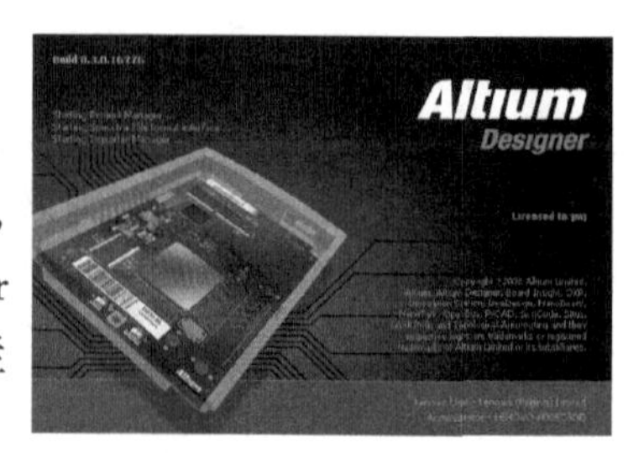

图 1－3　启动界面

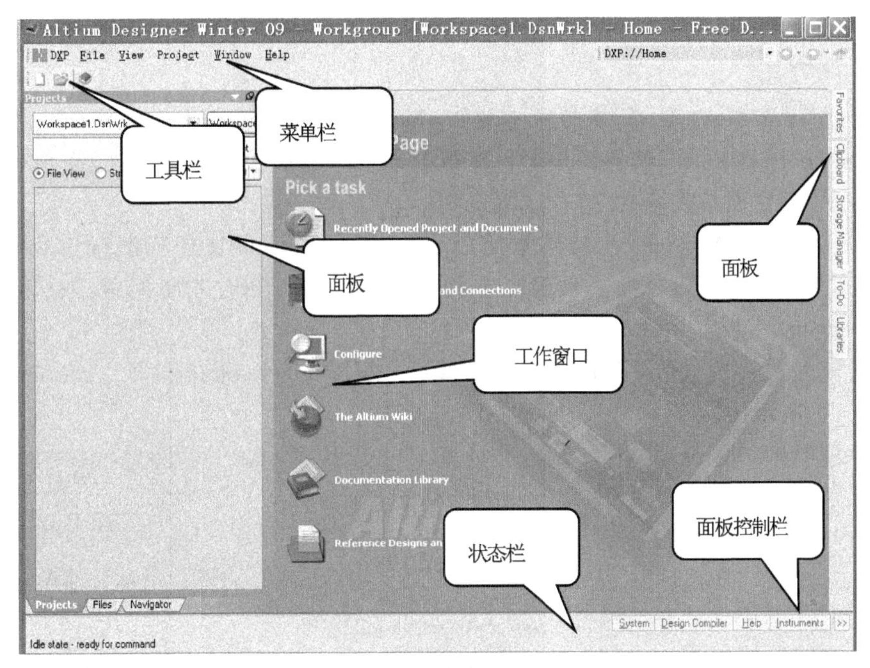

图 1-4　软件界面

1.3.1　菜单栏

Altium Designer Winter 09 软件的菜单用于对设计文件执行各项操作。打开的设计文件类型不同，菜单栏也随之变化。初始界面有 DXP、File、View、Project、Windows 和 Help 这 6 个菜单。

DXP 菜单提供软件配置选项。

File 菜单用于文件的新建、打开、关闭和保存等。

View 菜单用于配置软件界面，包括工具栏、面板、命令行和状态栏的显示和隐藏。

Project 菜单用于对工程中文件的管理，包括文件的添加、删除、编译等。

Windows 菜单用于对工作窗口中的文件进行排列、关闭等操作。

Help 菜单用于查找软件的帮助信息。

1.3.2　工具栏

Altium Designer Winter 09 软件有多个工具栏，应用于不同类型的设计文件中。软件初始界面的工具栏——“No Document Tools” 有 3 个按钮，实现的功能分别是新建文件、打开文件和打开设备视图页面。

1.3.3　工作窗口

工作窗口用于显示、编辑打开的设计文件。当多个文件被打开时，通过窗口上方的标签切换文件。

1.3.4　面板

面板是 Altium Designer 环境的基本要素，能够帮助用户提高工作效率。执行菜单命令“View\Workspace Panels”，选择面板名称即可打开相应的面板。除此之外，用户也可以通过软件界面右下角的“面板控制栏”打开或关闭面板。

Altium Designer Winter 09 软件常用的面板有两种：一种在任何时候都可以使用，如“Files 面板”“Projects 面板”；另一种只有在相应的文件被打开时才能使用，如“SCH List 面板”“PCB Library 面板”。

第一次使用软件时，系统会自动激活 Files 面板、Projects 面板和 Navigator 面板，如图 1－5～图 1－7 所示。

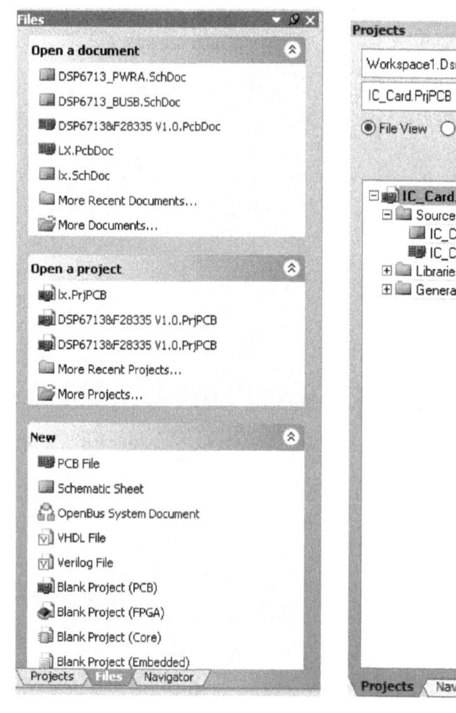

图 1－5　Files 面板

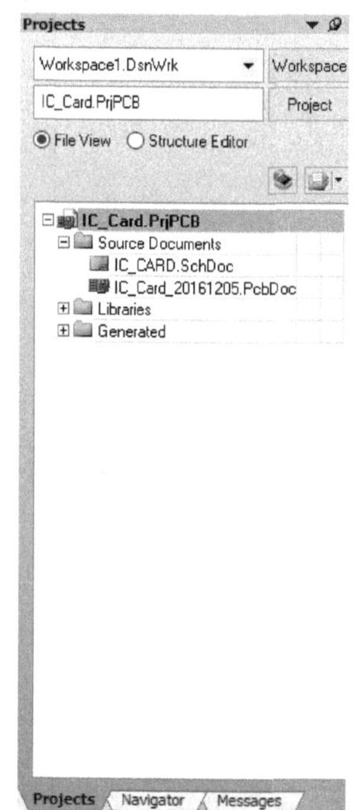

图 1－6　Projects 面板

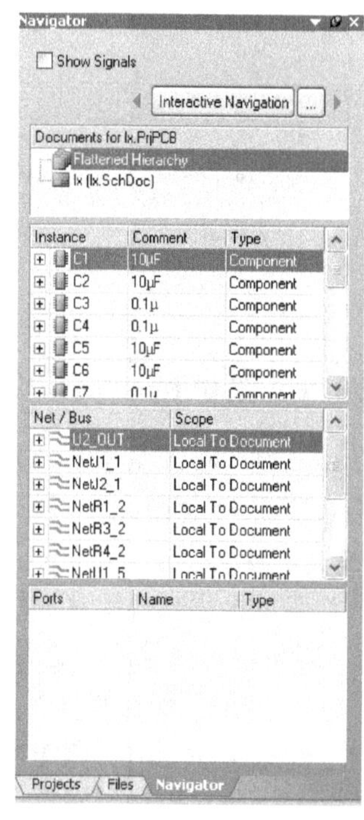

图 1－7　Navigator 面板

Files 面板用于打开、新建工程和各种设计文件。

Projects 面板用于工程管理，它会显示已打开的各工程及其内部文件结构，通过它可以直接打开设计文件。

Navigator 面板用于原理图导航，列表中显示原理图所有元器件及网络，点击其中某一个，就会在原理图中自动放大显示。

面板的位置可调整——用鼠标拖动面板上侧的标题栏，可以将面板放在桌面上任意位置（一般放置在主窗口的左右两侧）。打开多个面板时，可通过面板下方的标签进行切换。

面板可锁定或自动隐藏——当面板固定在主窗口的一侧时，面板右上角出现按钮，用于切换面板的显示状态。显示时，面板为锁定状态。单击，按钮形状变为，面板进入自动隐藏状态，鼠标在工作区的时候面板会自动隐藏，只在侧边显示面板名称，当点击面板名称时，系统会弹出面板窗口。

1.3.5 状态栏

Altium Designer Winter 09 的状态栏有两种，分别是状态栏（Status Bar）和命令状态栏（Command Status）。执行菜单命令“View\Status Bar ”和“View\Command Status”，打开相应的状态栏。

状态栏（Status Bar）实时显示鼠标当前位置的坐标、程序和命令的执行进度。命令状态栏（Command Status）显示正在执行的命令名称。

状态栏通常位于工作区底部，与“面板控制”重合，如果关闭这两个状态栏，“面板控制”也不显示。

1.4 文件管理系统

1.4.1 工程文件

使用 Altium Designer Winter 09 设计电路板的过程中，会产生原理图文件、PCB 文件、库文件等多种设计文件，如表 1－1 所示。这些设计文件以独立文件形式存在。

表 1－1　主要设计文件类型

文件类型		扩展名
工程文件		. PrjPCB
设计文件	原理图文件	. SchDoc
	PCB 文件	. PcbDoc
	元件符号库文件	. SchLib
	PCB 封装库文件	. PcbLib
	集成库文件	. IntLib

为方便对设计文件进行管理，Altium Designer 专门定义了工程（Project）这种特殊类型的文件。工程文件包含了各设计文件的地址链接和对工程层次的定义。

打开一个工程文件时，Altium Designer Winter 09 会自动将其管理的设计文件都调入软件中，并显示在工程面板中，如图 1－8 所示。

注意：为保证使用过程中工程文件能顺利链接到设计文件，建议初学者将工程文件和设计文件保存在同一个文件夹内。

1.4.2 自由文件

除了通过工程管理设计文件外，Altium Designer Winter 09 软件也可以直接编辑设计文件，这类设计文件被软件自动归类为自由文件，如图 1－8 中的 lsh-PCBnew. PcbDoc 和 245. SchDoc。

当设计文件以自由文件的形式被编辑时，文件之间没有内在的工程联系，很多操作无法进行，如最常用的“Import Changes From x. ProJPCB”（PCB 导入原理图）。

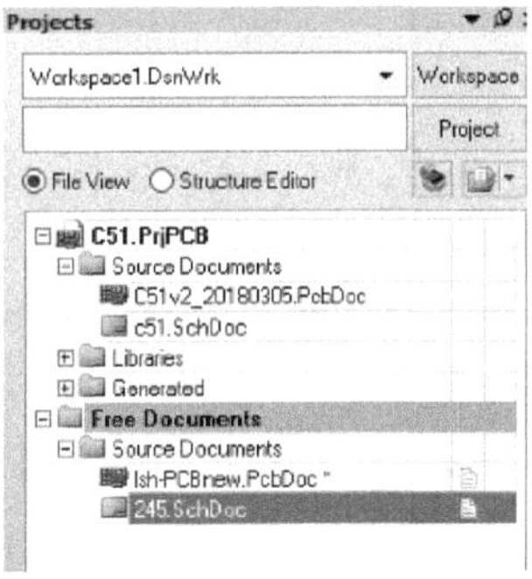

图 1－8　工程文件结构

同一个工程下的 PCB 文件 C51v2_20180305. PcbDoc 可以导入原理图 c51. SchDoc，如图 1－9(a)所示。而自由文件 lsh-PCBnew. PcbDoc 的此项操作被软件禁止(选项为灰色)，如图 1－9(b)所示。

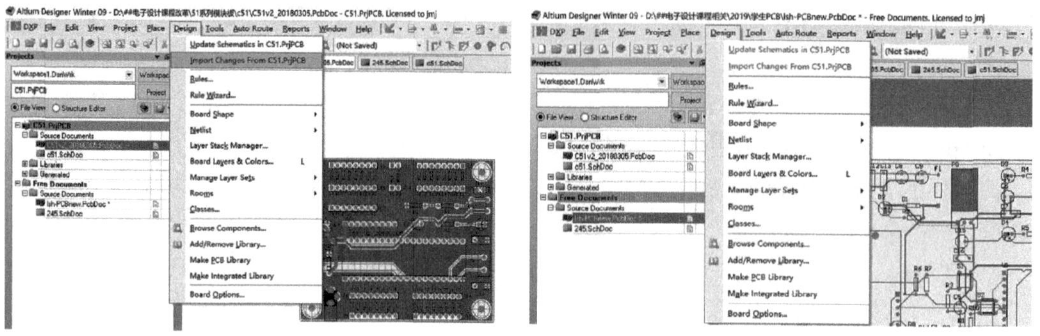

(a)同一个工程下 PCB 文件导入原理图　　(b)自由文件导入原理图

图 1－9　文件导入原理图

1.4.3　History 文件夹

除了设计文件和工程文件外，Altium Designer Winter 09 也会产生其他一些文档，这些文档被自动保存在特定的文件夹内。图 1－10 中 History、Project Logs for C51、Project Output for C51 就是由软件自动生成的文件夹。

这里重点介绍一下 History 文件夹。Altium Designer Winter 09 具有自动备份设计文件的功能，以防止设计文件丢失或损坏。被自动备份的设计文件以压缩包的形式存储在 History 文件夹内，解压后即可使用。

名称	修改日期	类型	大小
History	2019/4/4 11:30	文件夹	
Project Logs for C51	2019/3/25 16:34	文件夹	
Project Outputs for C51	2018/11/19 11:40	文件夹	
C51.PrjPCB	2019/4/1 19:47	Altium PCB Project	32 KB
c51.SchDoc	2019/4/1 19:44	Altium Schematic D...	197 KB
C51.SCHLIB	2019/4/14 11:04	Altium Schematic Li...	58 KB
C51v2_20180305.xls	2019/4/4 11:04	Microsoft Excel 97-...	11 KB
C51v1_20180301.PcbDocPreview	2019/4/1 19:30	PCBDOCPREVIEW ...	52 KB
C51v2_20180305.PcbDocPreview	2019/4/15 10:29	PCBDOCPREVIEW ...	64 KB
C51.PrjPCBStructure	2019/4/11 19:12	PRJPCBSTRUCTUR...	1 KB
C51v1_20180301.PcbDoc	2018/3/1 17:53	Protel PCB Docume...	313 KB
C51v2_20180305.PcbDoc	2019/4/1 19:47	Protel PCB Docume...	307 KB
c51.SchDocPreview	2019/4/15 10:15	SCHDOCPREVIEW ...	49 KB

图 1－10　Altium Designer Winter 09 文件夹

1.5　电路板设计流程

Altium Designer Winter 09 以工程管理的方式组织设计文件。因此，使用该软件设计电路板时，应当按照“建立工程文件—设计原理图—设计 PCB”的流程进行，如图 1－11 所示。本书按照这个流程讲述电路板设计的详细过程，并在其中穿插介绍元件符号库和 PCB 封装库的设计方法。

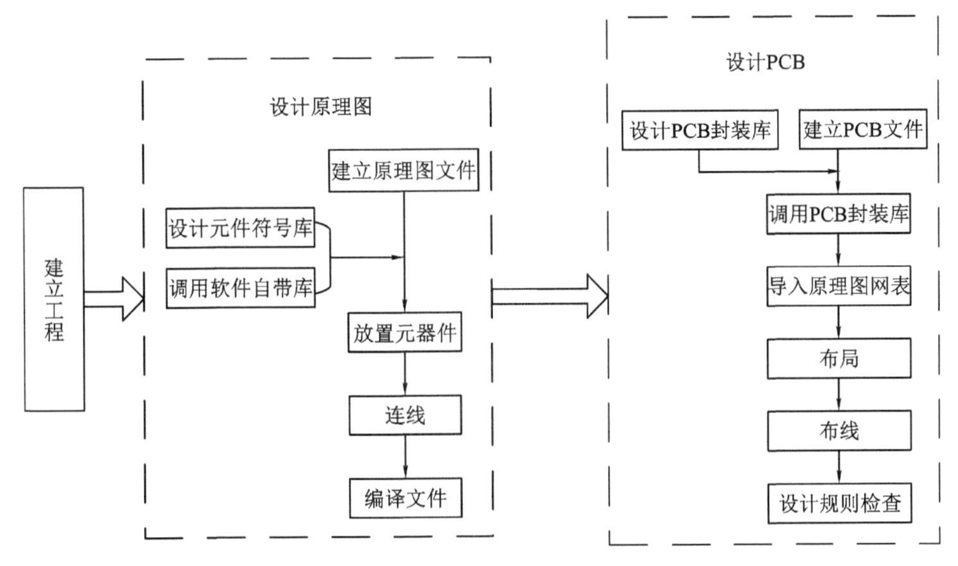

图 1-11　设计流程图

1.6　建立工程

1.6.1　新建文件夹

Altium Designer Winter 09 里的设计文件都是单独保存的。为方便后期管理文件，建议初学者在设计电路板之前先创建一个文件夹并命名，然后将新设计的所有文件(包括工程文件、原理图文件、PCB 文件、库文件等)都保存在这个文件夹内。本例中文件夹命名为 C51。

1.6.2　新建工程

设计电路板的第一个步骤就是创建一个工程文件，后续创建的其他设计文件都应当添加在此工程内。每次创建或者编辑设计文件(原理图、PCB 或者库文件)时都应该先打开工程文件，然后再在工程内创建或编辑原理图、PCB 等设计文件。

执行菜单命令“File\New\ Project\PCB Project”，如图 1-12 所示。Altium Designer Winter 09 会创建一个名为“PCB_Project1. PrjPCB”的空白工程文件。

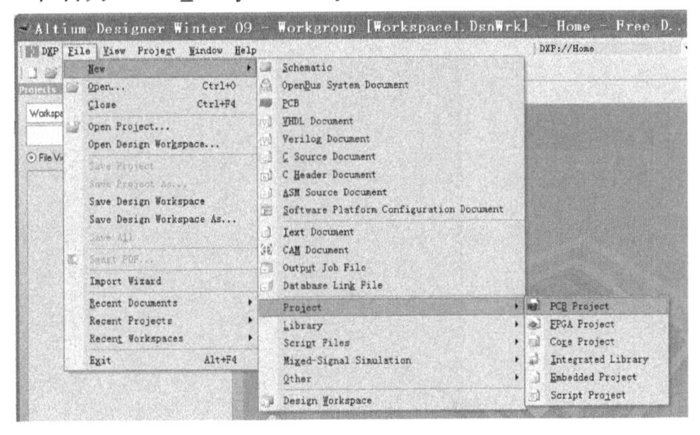

图 1-12　新建工程

1.6.3 保存工程

执行菜单命令“File\Save Project”，如图 1－13 所示。选择已建立的 C51 文件夹为路径，文件名设为“C51. PrjPCB”，并点击“保存”，如图 1－14 所示。

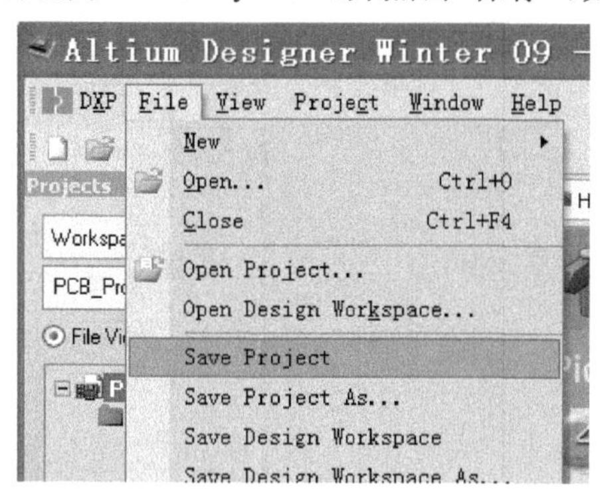

图 1－13 保存工程 1

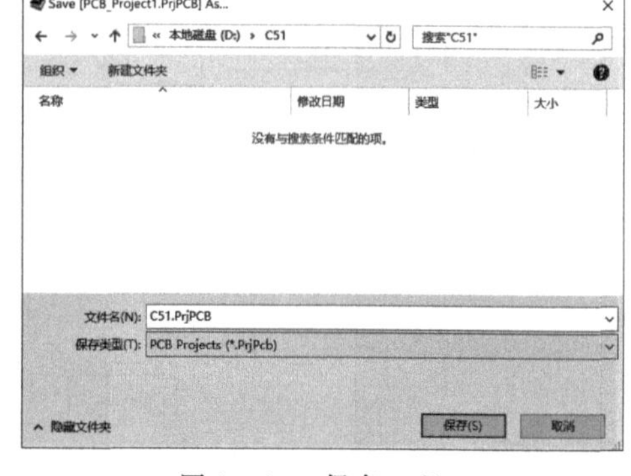

图 1－14 保存工程 2

注意：新建的工程文件必须先保存，然后再添加设计文件。

第 2 章　原理图设计准备

本章主要介绍原理图设计中会涉及的一些知识，包括原理图的组成、网络的概念、元器件的封装等，为读者准确、快速地设计原理图打下基础。

2.1　原理图组成要素

原理图是电路板设计的基础，它描述了电路板上元器件之间的电气连接关系。在学习画原理图之前，先为大家介绍一下原理图的组成要素。

原理图中主要有三类元素：元件符号、电气连接、注释文字和图形，如图 2-1 所示。

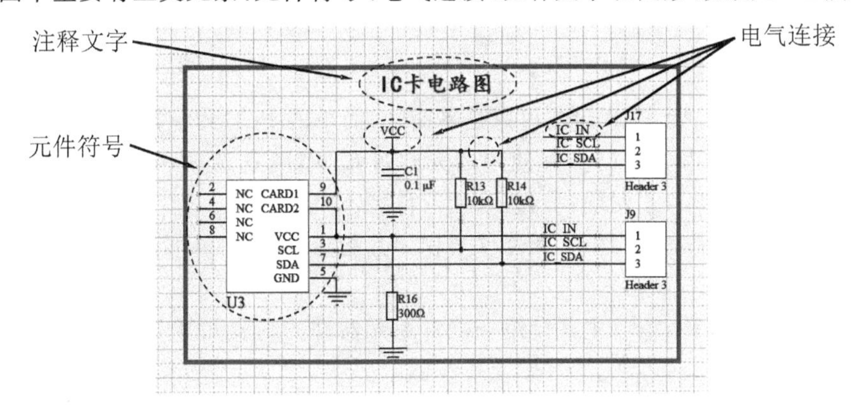

图 2-1　原理图构成

(1)元件符号：代表电路板上的元器件。

元件符号的管脚最终会转换为电路板上的元器件焊盘，因此必须和实际元器件的管脚一一对应；元件符号的外形根据元器件种类有相应的设计规范，但不影响最终的电路板。

(2)电气连接：导线、网络标签、端口等，最终会转换为电路板上的导电金属。

(3)注释文字和图形：没有电气意义，方便原理图供他人使用。

2.2　网络的概念

为了准确描述电路板上元器件之间的电气连接关系，电路板设计软件引入了“网络”这一概念。

网络：原理图中，彼此相连的元器件管脚属于同一个网络，如图 2-1 中 U3 的 7 脚和 J9 的 3 脚。每一个网络都有自己的名称——“Net name”，这个名称可以由用户定义，也可以由软件自动命名。

Altium Designer 支持用户直接定义元器件管脚的网络名称，定义方式包括放置网络标签、放置端口等。

注意:网络名称相同的元器件管脚等同于导线连接。

2.3 元器件封装和 PCB 封装(footprint)

元器件封装:一个元器件的实际外形,包括其物理尺寸、管脚的粗细、管脚分布及管脚间距离等,如图 2-2 所示。

PCB 封装(footprint):电路板上元器件焊盘和轮廓的组合,如图 2-3 所示。

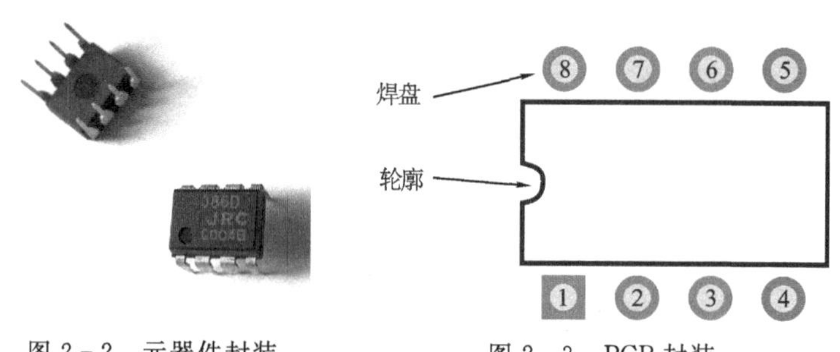

图 2-2 元器件封装　　图 2-3 PCB 封装

元器件都是立体的,而 PCB 封装可以是平面的,简单的 PCB 封装甚至只需要一个焊盘。

很多初学者往往不考虑自己实际使用的元器件尺寸,随意选用一个软件自带的 PCB 封装。等到电路板生产出来,才发现:咦,怎么元器件装不上去?

为避免这种错误,用户应当根据元器件实物为其指定合适的 PCB 封装,从而保证 PCB 设计的正确性。

元器件种类有很多种,本节主要介绍一些常用元器件的封装和其 PCB 封装。

2.3.1 电阻

电阻封装常见的有两大类:贴片式和轴向引线式。

1. 贴片式

贴片电阻的外形如图 2-4 所示,正面有数字,用于标识阻值(472 代表 4.7 kΩ),管脚在电阻两端。电阻焊接时,正面朝上放置于电路板上,通过焊锡将电阻两端的管脚与电路板上的焊盘连接。

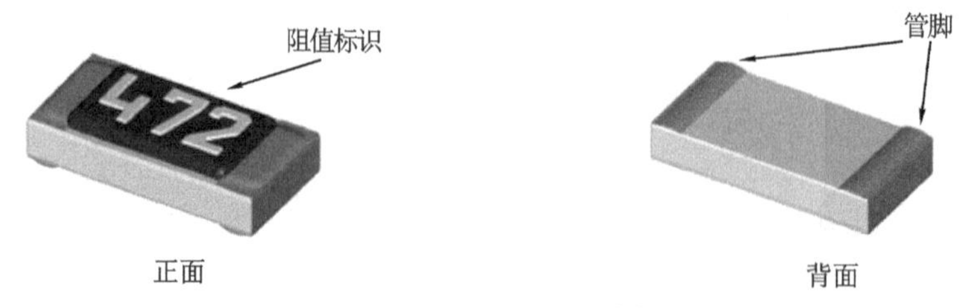

图 2-4 贴片电阻封装[1]

(1)电阻根据精度、额定功率等参数,有多种封装。

(2)封装一般用尺寸代码表示,常用的英制代码由 4 位数字组成。前两位表示电阻的长度,后两位表示电阻的宽度,以英寸为单位,从 0201、0402、0603 到 2512。

(3)封装也可以用米制代码的 4 位数字来表示,单位是 mm。

(4)这两组代码是一一对应的,如英制代码 0603 和米制代码 1608 指的就是同一种封装。

(5)贴片电阻的 PCB 封装如图 2-5 所示。

(6)PCB 封装的轮廓应大于元器件外形,焊盘应将电阻两端的管脚完全包裹在里面。比较常用的电阻封装是 0603 和 0805。建议初学者设计时选用 0805,便于手工焊接。

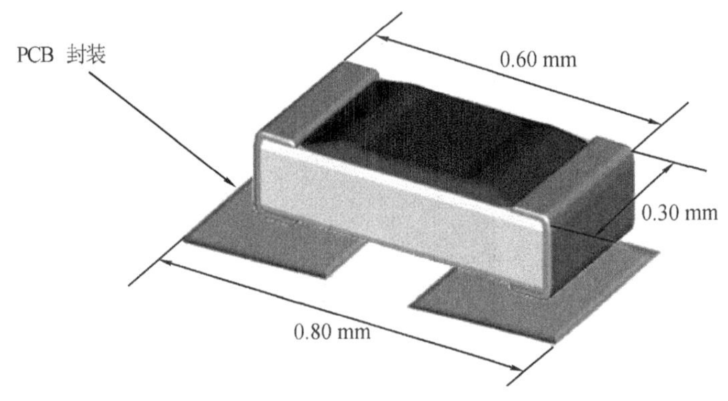

图 2-5　0201 封装尺寸图[1]

2. 轴向引线式

轴向引线式电阻的外形如图 2-6 所示,由阻体和引线两部分组成。阻体上的色环用于标识阻值,引线为金属丝,用于焊接。电阻在焊接时先将引线折弯,然后插入电路板上焊盘内进行焊接,如图 2-7 所示。

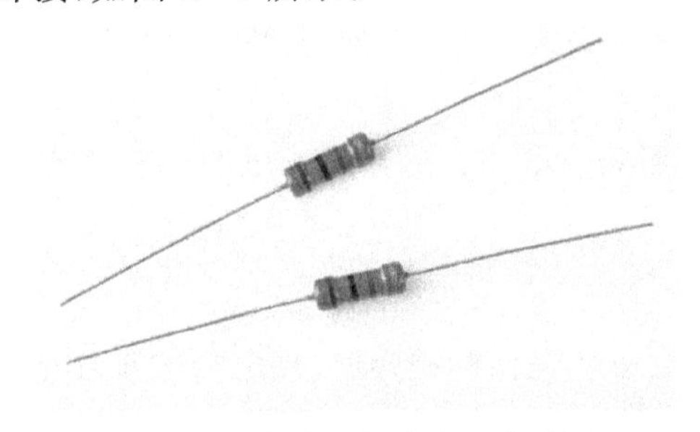

图 2-6　轴向引线式电阻外形图

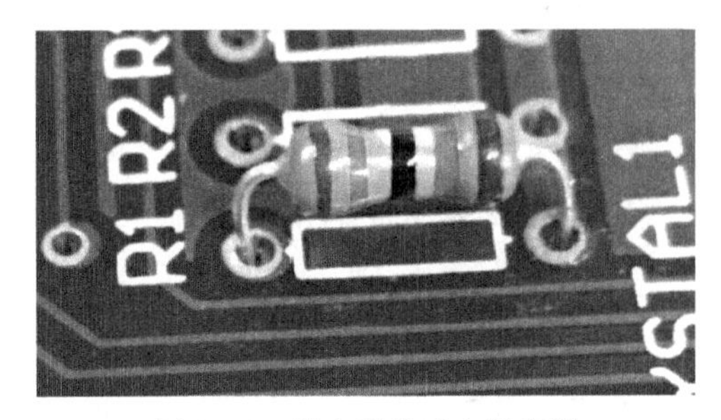

图 2-7　轴向引线式电阻安装

(1)不同规格(精度、额定功率等)的电阻,其阻体大小、引线的长度和直径不同。

(2)轴向引线式电阻的 PCB 封装如图 2-8 所示,根据焊盘中心距命名为 AXIAL-××(比如 AXIAL-0.3),××代表焊盘中心距为××英寸(1 英寸=2.54 cm)。

(3)PCB 封装的轮廓应大于阻体,焊盘中心距应大于阻体长度,焊盘孔径应大于引线直径,比较常用的电阻封装是 AXIAL-0.3。

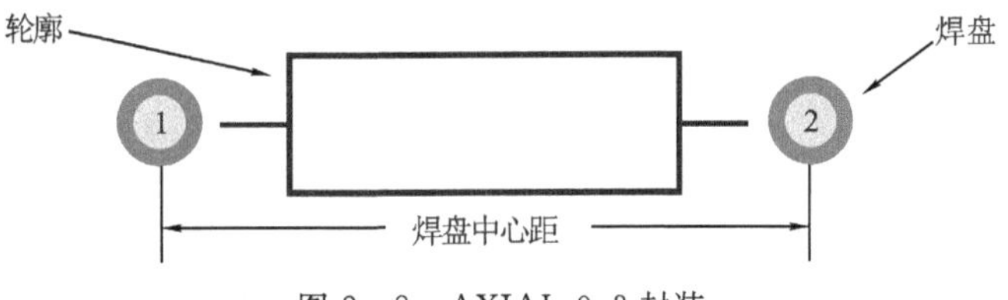

图 2-8　AXIAL-0.3 封装

2.3.2 无极性电容

无极性电容封装常见的有两大类:贴片式和径向引线式。

1. 贴片电容

贴片电容的外形如图 2-9 所示,没有正反面之分。焊接时,宽的一面放置于电路板上,通过焊锡将两端的管脚与电路板上的焊盘连接。

图 2-9 贴片电容外形[2]

贴片电容与贴片电阻一样,也是用尺寸代码表示封装。二者的 PCB 封装可以通用,这里不再介绍。建议初学者设计时选用 0805,便于手工焊接。

2. 径向引线式电容

径向引线式电容的外形如图 2-10 所示,由容体和引线两部分组成。容体上标有电容容值(104 代表 0.1 μF),引线为金属丝,用于焊接。

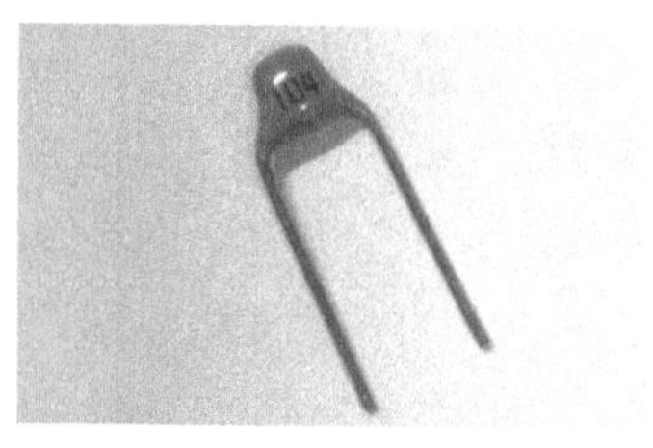

图 2-10 径向引线式电容外形

(1)不同规格的电容,其容体大小、引线距离和直径不同。

(2)电容的 PCB 封装如图 2-11 所示,根据焊盘中心距命名为 RAD-××(比如 RAD-0.2、RAD-0.3),××代表焊盘中心间距为××英寸(1 英寸=2.54 cm)。

(3)PCB 封装的轮廓应大于容体,焊盘中心距应尽量与引线距离相等,焊盘孔径应大于引线直径。比较常用的封装是 RAD-0.2。

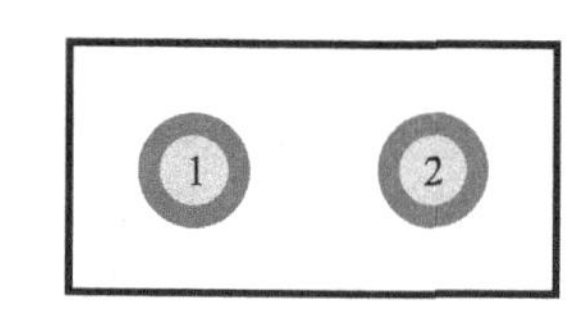

图 2-11 RAD-0.1 封装

2.3.3 极性电容

极性电容根据材料可以分为多种,封装也各有不同。本书只对片式钽电容和径向引线铝电解电容的封装做一下简单介绍。

1. 片式钽电容

片式钽电容的外形如图 2-12 所示,有正反面之分。正面标注容值、额定电压和电容管脚极性(正极有一横杠),反面为焊接面。一般焊接时,正面朝上放置于电路板上,通过焊锡将电容两端的管脚与电路板上的焊盘连接。

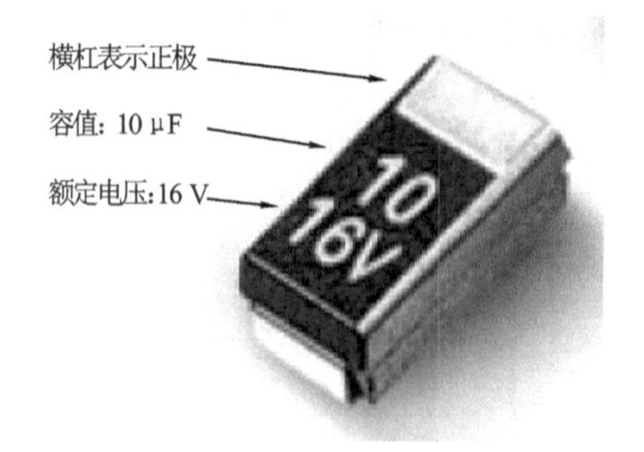

图 2-12 片式钽电容外形[3]

(1)不同规格(额定电压、容值等)的电容,其封装大小不同。

(2)电容封装有两种命名方式:一种是直接用英文字母命名,如 A、B、C、D 等;另一种是根据电容的外形尺寸用米制代码命名,如 3216、3528 等;二者有对应关系,如 A 封装与 3216 封装相同。

(3)电容的 PCB 封装如图 2-13 所示,封装上明确标注出电容的正极。标注的方法有多种,如:+号、双线或者折线等。

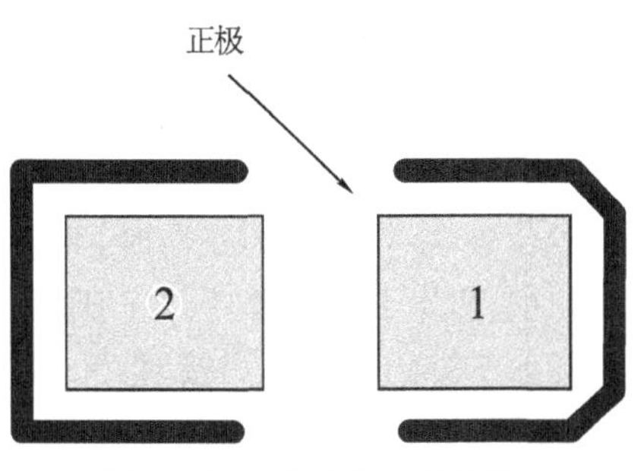

图 2-13　片式钽电容封装

(4)PCB 封装的轮廓应大于元器件外形,焊盘应将电容两端的管脚完全包裹在里面。

2. 径向引线铝电解电容

径向引线铝电解电容的外形如图 2-14 所示,由容体和引线两部分组成。容体上标注容值、额定电压和引线极性;引线为金属丝,用于焊接,两根引线长度不同,较长的那根为正极。

(1)不同规格的电容,其容体大小、引线距离和直径不同。

(2)电容的 PCB 封装如图 2-15 所示,封装上明确标注出电容的正极,一般采用+号标注。

(3)PCB 封装有多种命名方式,本书介绍 RBx/y 命名法。名称中 x 表示焊盘中心孔间距,y 表示轮廓的直径(丝印层),单位是英寸,如 RB.3/.6 就表示两个焊盘的中心距为 300 mil(约 7.62 mm),轮廓的直径为 600 mil(约 15.24 mm)。

(4)选择 PCB 封装的主要依据是电容的实物大小,焊盘中心距应尽量与引线距离相等,焊盘孔径应大于引线直径。比较常用的封装是 RB.1/.2。

图 2-14　铝电解电容外形

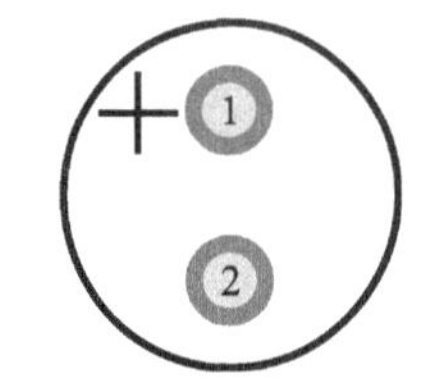

图 2-15　铝电解电容 PCB 封装

2.3.4　集成电路

集成电路的封装有很多种,本小节介绍其中几种。

1. DIP

DIP 封装(双列直插封装),是一种比较简单的封装,适用于中小规模的集成电路,如图2-16所示。DIP 封装可以直接插装在电路板上进行焊接,也可以插装在电路板上已经焊好的芯片插座上。

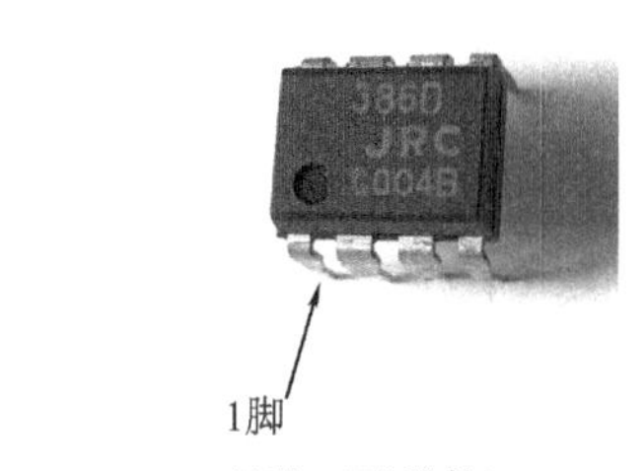

图 2-16　DIP 封装(元器件)

(1)封装根据管脚个数命名为 DIP-××(比如 DIP-14),××代表管脚个数。

(2)元器件的每个管脚都有各自的定义,为方便识别,生产时会在元器件壳体上用月牙形凹槽或圆形凹槽来标记元器件 1 脚的位置(月牙形开口朝左时,元器件下方左侧第一个管脚为 1 脚;圆形凹槽旁边的管脚为 1 脚),如图 2-16 所示。

(3)用户也可以通过元器件壳体上字符的方向来判断 1 脚的位置(字符方向为正向时,元器件左下角管脚为 1 脚)。

(4)PCB 封装如图 2-17 所示,采用圆弧型缺口或者字符来标注 1 脚的位置。焊接时,元器件的 1 脚应和 PCB 封装的 1 脚相对应。

(5)PCB 封装的轮廓应大于元器件壳体,焊盘中心距(横向、纵向)应和元器件管脚间距一致,焊盘的孔径应大于元器件的管脚宽度。

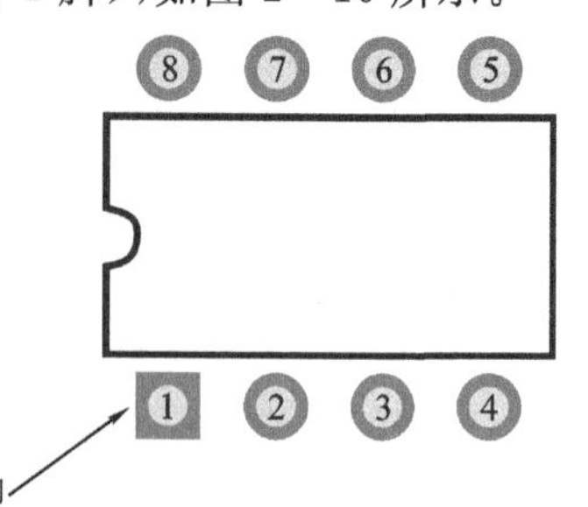

图 2-17　DIP 封装(PCB)

2. SOIC

SOIC 封装是一种常用的贴装型封装,材料有塑料和陶瓷两种,适用于中小规模的集成电路。芯片有两排管脚,管脚从封装两侧引出,呈海鸥翼状,如图 2-18 所示。

(1)封装根据管脚个数命名为 SO-××(比如 SO-8),××代表管脚个数。

(2)元器件的每个管脚都有各自的定义,识别 1 脚的方式与 DIP-××封装的元器件一致。

(3)PCB 封装如图 2-19 所示,采用圆弧型缺口或者字符来标注 1 脚的位置。

图 2-18　SOIC 封装(元器件)

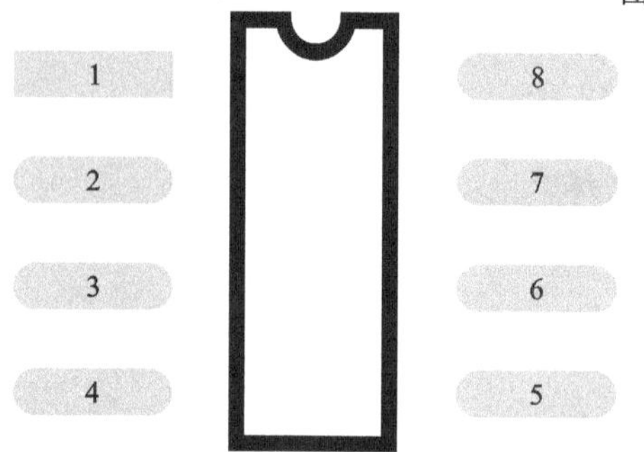

图 2-19　SOIC 封装(PCB)

(4)PCB 封装的外形应大于元器件壳体,焊盘中心距(纵向)应和元器件管脚间距一致,焊盘应将元器件管脚完整包裹在内。

3. QFP

QFP 封装(四侧管脚扁平封装),是一种比较常用的贴装型封装,材料有塑料、陶瓷、金属三种,常用的材料为塑料。管脚从四个侧面引出呈海鸥翼型,如图 2-20 所示。QFP 是对此类封装的一个总称,根据封装本体的厚度,将其细分为 QFP、TQFP、LQFP 三种。

(1)封装名称包含其管脚数,如 LQFP144。

(2)一般在元器件壳体上用圆形凹槽来标记元器件 1 脚的位置,也可以通过壳体上字符的方向来判断(字符方向为正向时,元器件下侧左数第一个管脚为 1 脚)。

(3)PCB 封装如图 2 - 21 所示,采用缺口或者字符标识出 1 脚的位置(缺口下方左数第一个管脚为 1 脚)。

(4)PCB 封装的外形应大于元器件壳体,焊盘中心距(横向、纵向)应和元器件管脚间距一致,焊盘应将元器件管脚完整包裹在内。

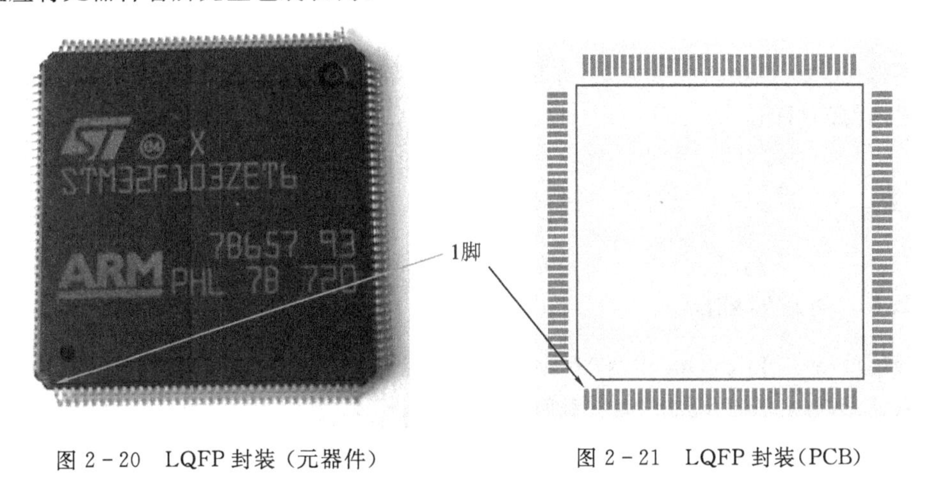

图 2 - 20　LQFP 封装 (元器件)　　图 2 - 21　LQFP 封装(PCB)

4. BGA

球栅阵列封装(Ball Grid Array Package) 简称为 BGA 封装,是大规模集成电路封装的一种。本书后续章节会对其做详细的介绍。

第3章　原理图的设计

本章将以C51最小系统板为例，详细介绍电路板原理图的设计流程和方法，以达到使初学者快速入门的目的。

3.1　创建原理图文件

3.1.1　新建原理图

执行菜单命令“File\Open”，打开刚刚建立好的工程文件C51.PrjPCB。执行菜单命令“File\New\Schematic”，如图3-1所示。Altium Designer Winter 09会创建一个名为“Sheet1.SchDoc”的原理图文件。

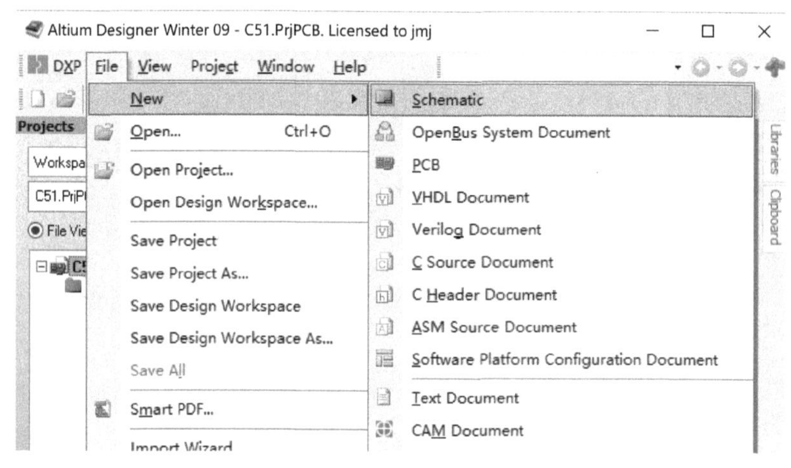

图3-1　新建原理图

3.1.2　保存原理图

执行菜单命令“File\Save”，如图3-2所示，屏幕上出现“Save”对话框。选择已建立的C51文件夹为路径，文件名设置为“C51.SchDoc”，并点击“保存”，如图3-3所示。

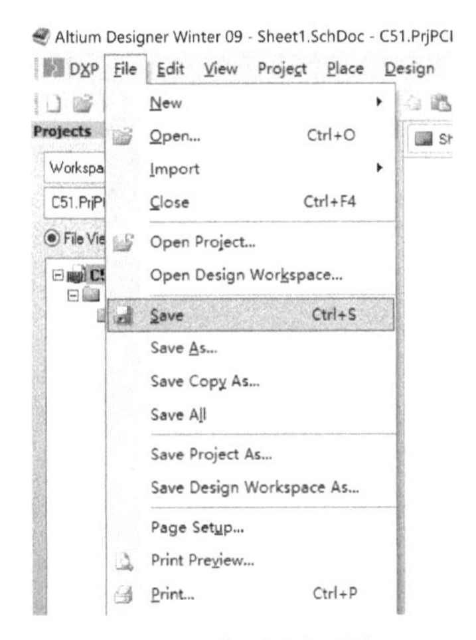

图 3-2　保存原理图 1

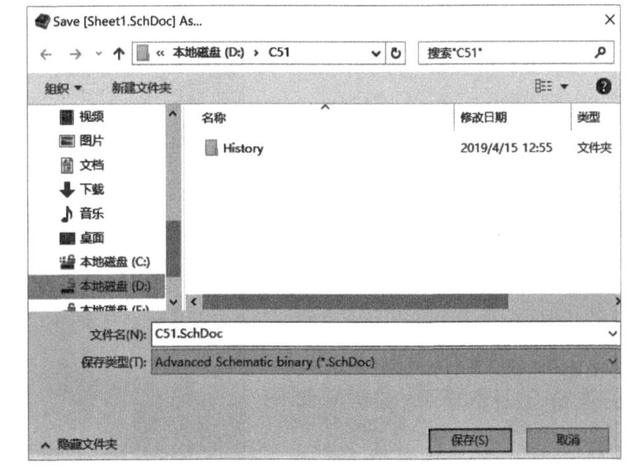

图 3-3　保存原理图 2

3.2　原理图界面介绍

保存好的原理图界面如图 3-4 所示。

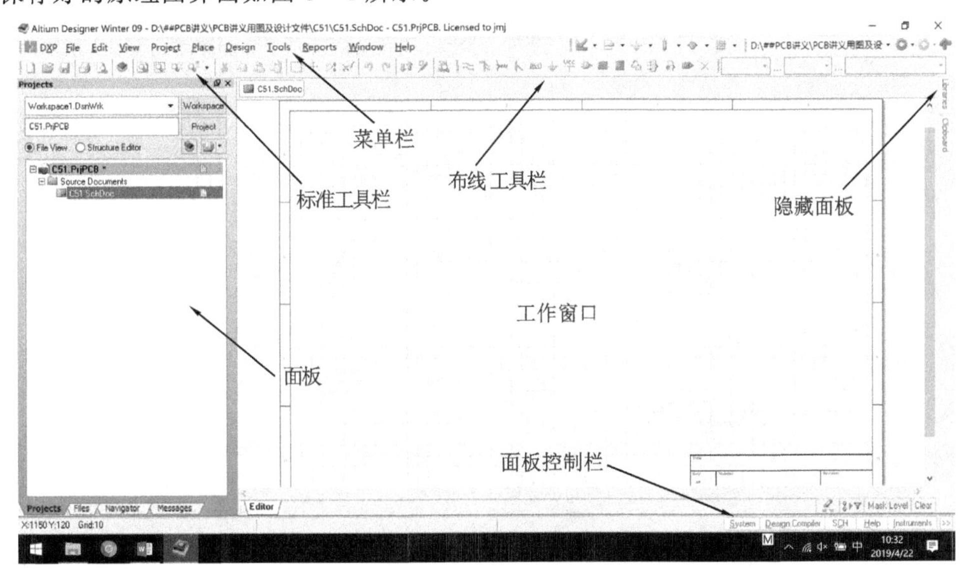

图 3-4　原理图界面

3.2.1　菜单栏

对原理图的各种操作都可以通过菜单栏实现，如新建、保存、视图调整、编辑和选择等。

3.2.2　工具栏

Altium Desinger 提供了丰富的工具栏。

执行菜单命令“View\Toolbars”，可看到所有工具栏，如图 3-5 所示。用户通过鼠标勾选某个工具栏，将其显示在软件界面上。

原理图设计中，常用的工具栏有标准工具栏（Schematic Standard）和布线工具栏（Wiring）。

标准工具栏：用于执行文件操作命令，如打开文件、保存文件、打印、缩放、复制、粘贴等。

布线工具栏：用于执行电气布线命令，如放置导线、总线、网络标签、端口等。

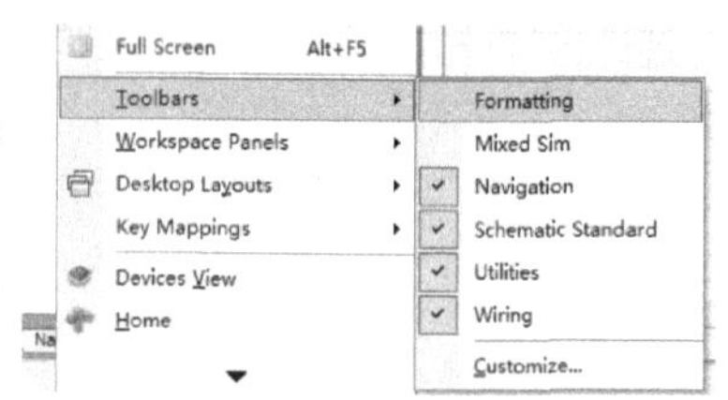

图 3－5　工具栏类型

3.2.3　工作窗口

工作窗口用于显示、编辑原理图。

3.3　设置原理图参数

执行菜单命令“Design\Document Options...”，屏幕上出现如图 3－6 所示的“Document Options”对话框。在对话框里，可以设置原理图的大小、颜色、电气栅格等参数。本书对几个常用参数进行说明，其余参数保持软件默认设置，不做更改。

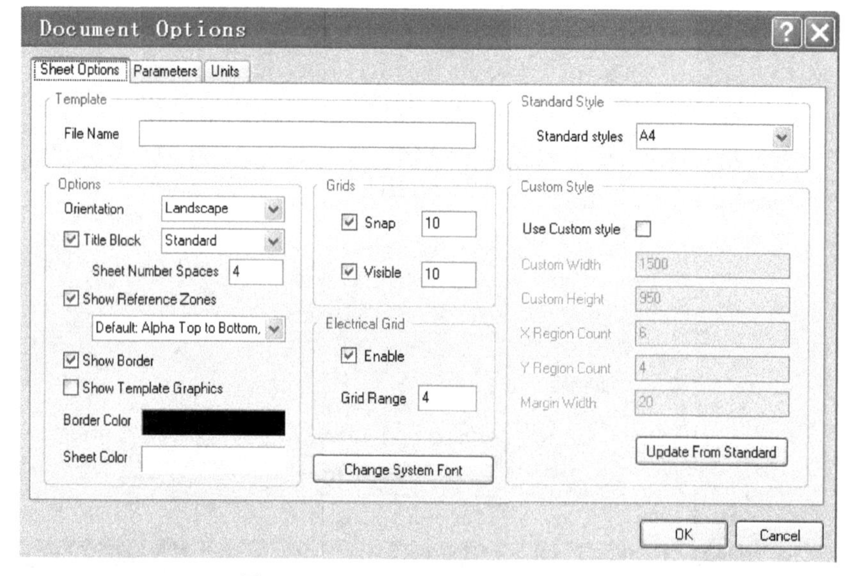

图 3－6　“Document Options”对话框

3.3.1　Sheet Options 选项卡

1. Orientation（图纸方向）

有“Landscape”（横向）和“Portrait”（纵向）两个选项，一般设置为“Landscape”。

2. Grids（图纸栅格）

（1）Snap（捕获）复选框：勾选“Snap”表示开启栅格捕获功能。

空格里填入的参数是原理图中所有组件（元件符号、导线等）坐标的最小单位，系统默认为

“10”。建议勾选此项。

若去掉 Snap 选项，组件就可以任意移动，不受单位约束，连线时有可能会造成虚线（看似连接，实际没有连接），如图 3－7 所示。

（2）Visible（可视）复选框：勾选“Visible”表示图纸上显示栅格。空格里填入的参数是图纸中栅格的大小，系统默认为“10”。建议勾选此项。

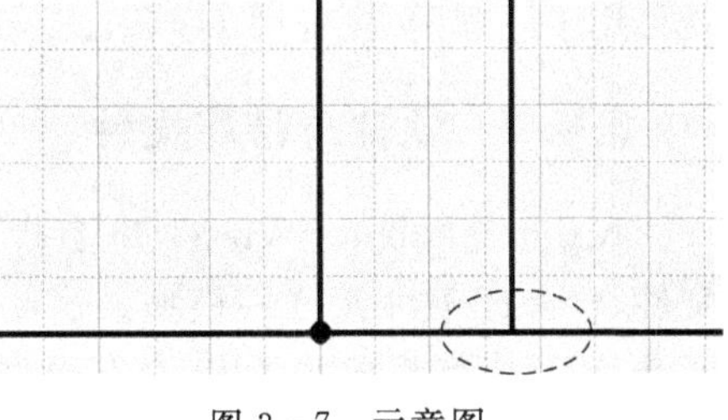

图 3－7　示意图

3. Electrical Grid（电气栅格）

勾选“Enable”表示开启电气栅格。原理图中在做电气连接时，软件会以 Grid Range 中的参数为半径，以光标所在位置为中心，向四周搜索电气节点，如果在搜索半径内有电气节点的话，就会自动将光标移到该节点上，建议勾选此项。

4. Standard Style（标准风格）

图纸大小，一般选择 A4 或者 A3。

3.3.2　Units 选项卡

该选项卡用于设定原理图的尺寸单位，可选择英制单位和公制单位。如图 3－8 所示，按照默认设置选择英制单位。

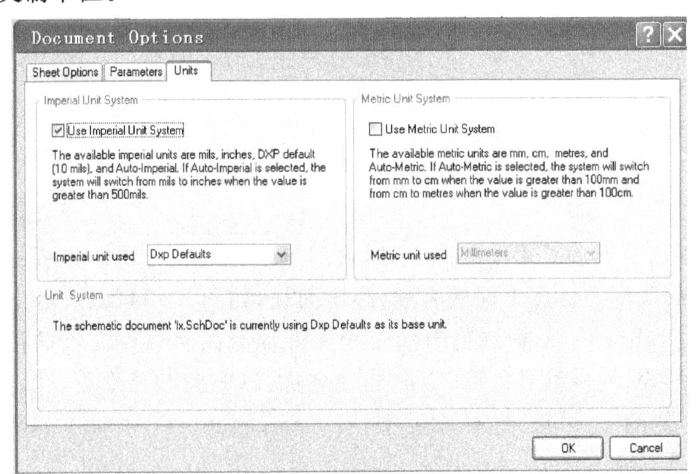

图 3－8　示意图

3.4　管理库文件

3.4.1　库文件类型

Altium Designer Winter 09 支持 3 种库文件，分别是：元件符号库（＊. SchLib）、PCB 封装库（＊. PcbLib）和集成库（＊. IntLib）。

元件符号库存储元器件的元件符号，用于原理图设计。

PCB 库存储元器件的 PCB 封装，用于 PCB 设计。

集成库存储的元器件模型是将元器件的元件符号、PCB 封装及其他属性等集成在一起，既可用于原理图，也可用于 PCB。

3.4.2 软件自带库文件

Altium Designer Winter 09 自带 58 个集成库文件，包含近千种元器件模型。这些库文件分为两类：通用库和集成电路库，都存储在软件安装路径的"Library"文件夹内，如图 3－9 所示。

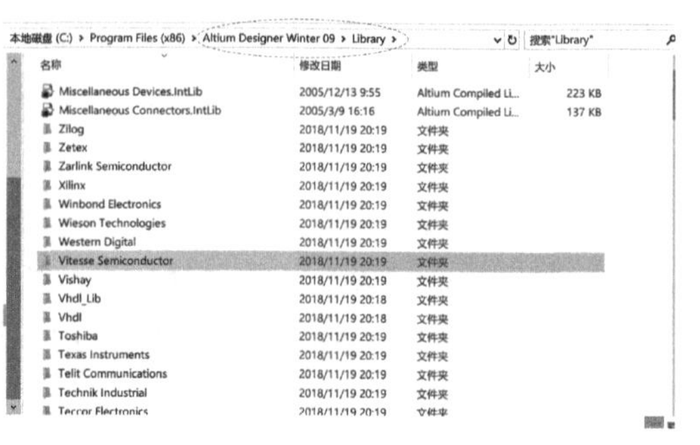

图 3－9 Library 文件夹内

通用库有两个，分别是通用元件库——Miscellaneous Devices. IntLib 和通用接插件库——Miscellaneous Connectors. IntLib。

Miscellaneous Devices. IntLib 中存储了电阻、电容、电感、二极管、三极管等常用分立元器件的模型。Miscellaneous Connectors. IntLib 中存储了常用接插件的模型。

Altium Designer Winter 09 提供多种常用集成电路的模型，同一厂家同一类型的电路模型保存在一个库文件中，存储在 Library 文件夹内的子文件夹下，如 Xilinx Memory SPROM. IntLib 内包含 XC1718D、XC1736 等 SPROM 电路的模型，被存储在 Xilinx 文件夹下，如图3－10所示。

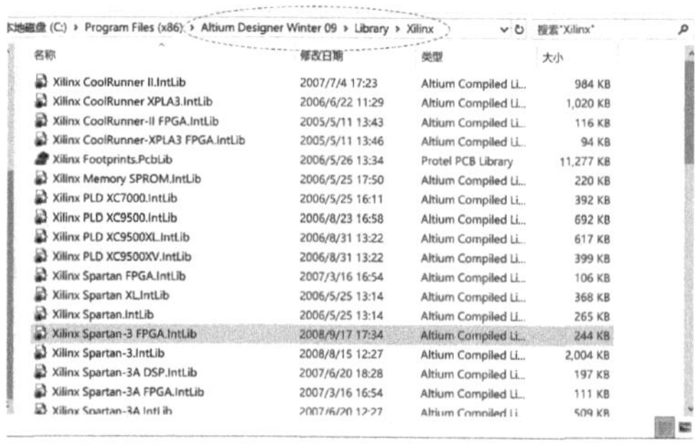

图 3－10 Xilinx 文件夹内

3.4.3 Libraries 面板

Libraries 面板用于管理工程中的库文件，常用于原理图设计中。该面板通常被系统自动隐藏在软件的右侧，鼠标左键点击面板名称，弹出面板，如图 3－11(a)所示。

用户可以通过 Libraries 面板浏览当前工程文件加载的所有库文件的信息，包括库类型、库名称、元件符号列表、元件符号外形、PCB 封装名称、PCB 封装外形等。

点击库名称右侧的"..."键，选择库类型，有 Component、Footprint、3Dmodels 三种选项。设计原理图时，勾选 Component，如图 3－11(b)所示。

点击库名称右侧的下拉键，可以看到当前工程包含的元件符号库和集成库，如图 3－11(c)所示。

3.4.4 加载库文件

画原理图前，应当先在工程中加载两个通用库。

第一步：单击 Libraries 面板中的"Libraries..."按钮，打开"Available Libraries"对话框，如图 3－12 所示。

第二步：在"Installed"选项卡下，鼠标单击对话框中"Install..."按钮，打开 Altium Designer Winter 09 安装目录里的 Library 文件夹，选择如图 3－13 所示的两个通用库文件，并点击"打开"按钮。加载后的界面如图 3－14 所示，点击"Close"按钮，完成加载。

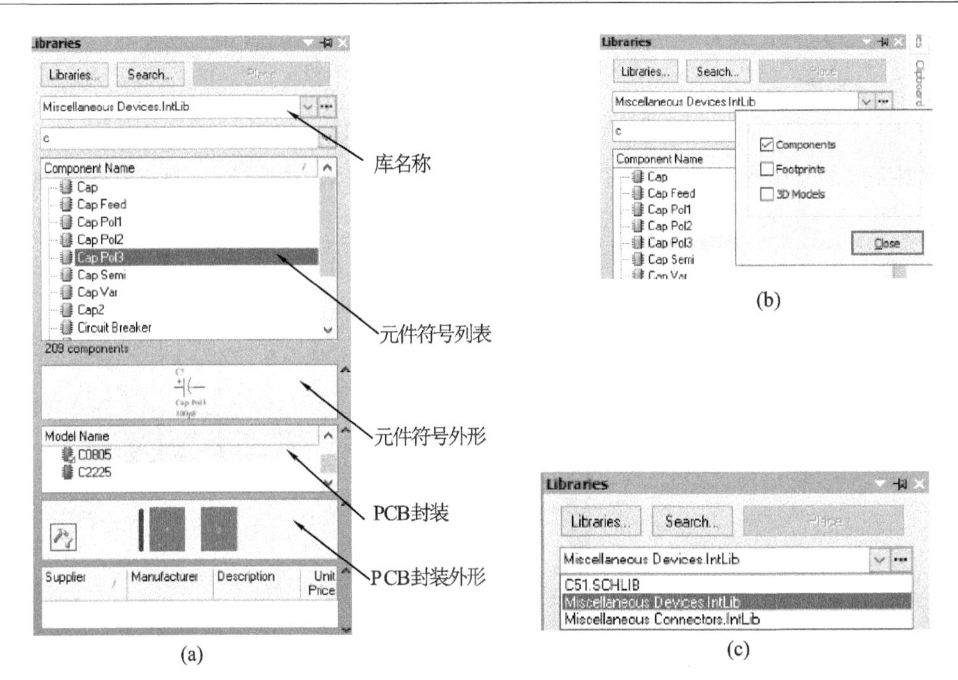

图 3-11　Libraries 面板

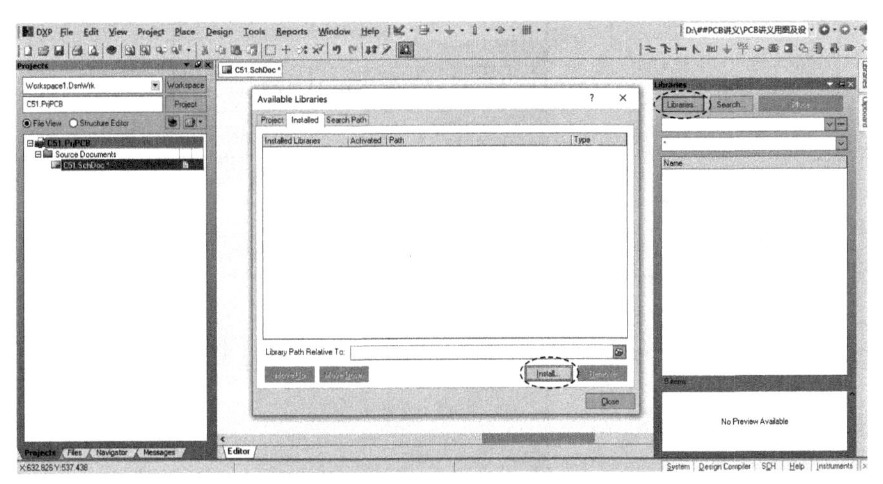

图 3-12　加载库文件

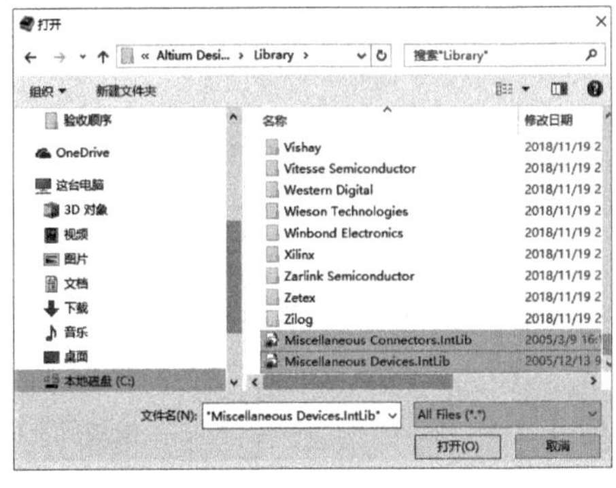

图 3-13　选择通用库文件

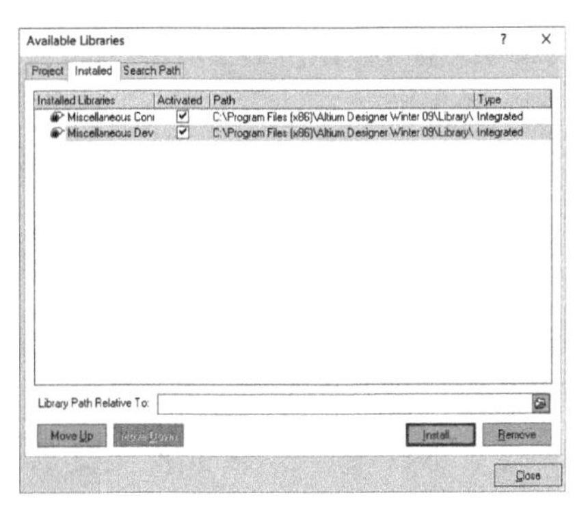

图 3-14　加载完成

3.5　放置元件

本章要完成的原理图如图 3－15 所示，其中的元件按照获取方式可以分为三类，详见表 3－1。

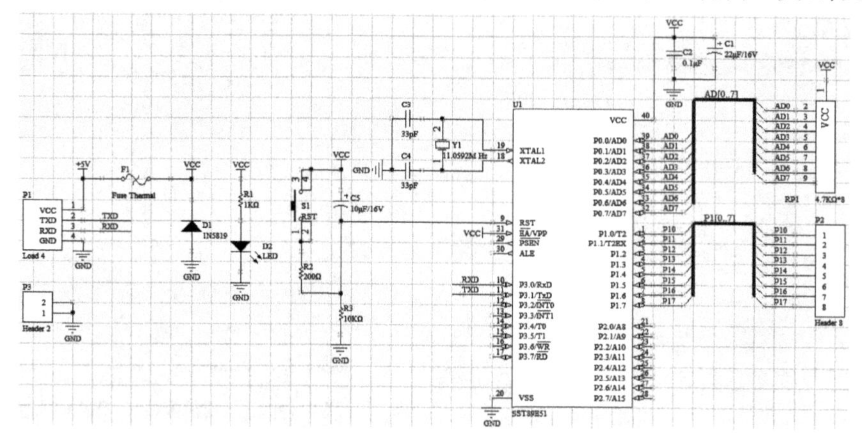

图 3－15　C51 最小系统原理图

表 3－1　元件列表

第一类	直接使用	集成电路	U1
		通用元件	C1-C5、D1、D2、F1、J1、J2、R1-R3、Y1
第二类	修改使用		S1、J3
第三类	自行设计		RP1

第一类：直接从软件库中获得。

第二类：和软件库中的某个元件很像，修改后可以使用。

第三类：需要用户自己设计。

本节主要介绍如何从软件库中获得元件，并将它放置在原理图中。

3.5.1　放置通用元件

在 3.4.3 小节中，已经将两个通用库加载进工程内，因此可通过 Libraries 面板直接从这两个库文件中获取一些通用元件。

首先放置电阻，具体步骤如下。

第一步：选择库。

打开 Libraries 面板，点击库列表下拉键，选中库文件 Miscellaneous Devices. IntLib。

第二步：输入元件符号名。

元件符号名通常是根据元器件的英文名称定义的。一类元器件可能有多个元件符号，每个名称都不同，Miscellaneous Devices. IntLib 中普通电阻的元件符号就有 Res1、Res2、Res3 三种，用户根据需要和设计习惯选择使用。

在“元件名称行”输入所需元件英文名称的头几个字母（如电阻是 Res），单击回车键。元件列表里会自动出现 Component Name 以“Res”打头的元件，如图 3－16 所示。

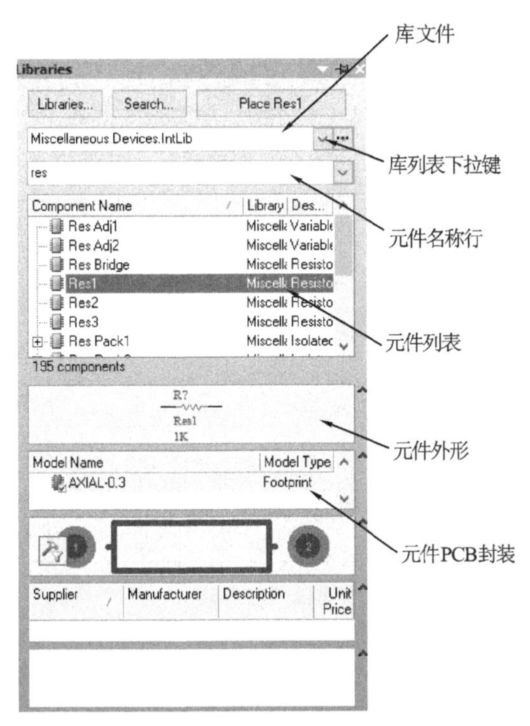

图 3－16　选定电阻模型

第三步:选择元件和封装。

鼠标单击 Component Name 为“Res 1”的元件,面板在下面列出在库中与之匹配的 PCB 封装供用户选择,本例中选择的电阻封装为 AXIAL-0.3。

注意:在选择模型时,不但要关注元件符号的外形是否满足要求,也要判断 PCB 封装是否正确。

第四步:放置元件。

在 Libraries 面板中,双击“Res 1”后,元件随鼠标移动。

鼠标移动到图纸界面合适的位置后,单击左键,放置元件;再单击,再放置。放置完 3 个电阻后单击右键,结束。如图 3－17 所示。

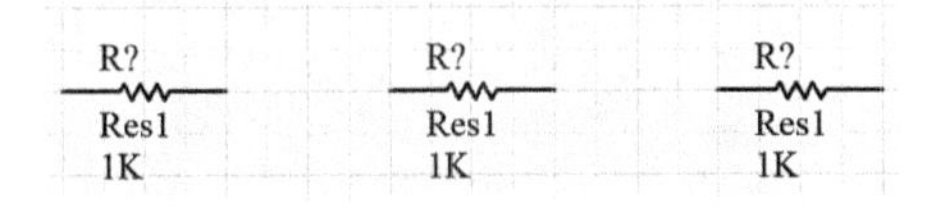

图 3－17　放置电阻

原理图中其他通用元件和其所在的库文件如表 3－2 所示,放置方式与电阻基本相同。

表 3-2 元件列表

<table>
<tr><th>元件</th><th>库文件</th><th>元件符号名</th></tr>
<tr><td>无极性电容 C2、C3、C5</td><td rowspan="7">Miscellaneous Connectors. IntLib</td><td>Cap</td></tr>
<tr><td>极性电容 C1、C4</td><td>Cap Pol1</td></tr>
<tr><td>二极管 D2</td><td>Diode 1N5401</td></tr>
<tr><td>发光二极管 D1</td><td>LED0</td></tr>
<tr><td>可恢复保险丝 F1</td><td>Fuse Thermal</td></tr>
<tr><td>无源晶振 Y1</td><td>XTAL</td></tr>
<tr><td>复位开关 S1</td><td>SW-PB</td></tr>
<tr><td>8 针单排插针 J1</td><td rowspan="3">Miscellaneous Connectors. IntLib</td><td>Header 8</td></tr>
<tr><td>2 针单排插针 J2</td><td>Header 2</td></tr>
<tr><td>4 针单排插针 J3</td><td>Header 4</td></tr>
</table>

3.5.2 搜索集成电路

Altium Designer Winter 09 自带的集成电路种类繁多，库文件名和存储路径不易获得，因此常通过搜索的方式来进行。集成电路库中元件名称是其对应元器件的准确型号(包括尾缀)，如“P89C52X2FN”。

1. 打开 Libraries Search 对话框

点击 Libraries 面板里的“Search...”按钮，出现“Libraries Search”对话框，如图 3-18 所示。

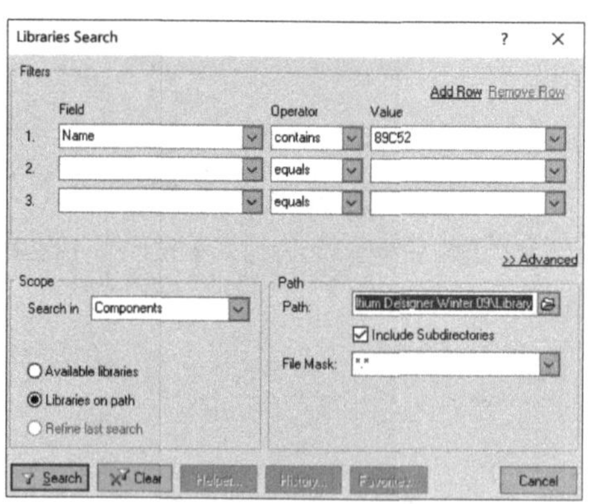

图 3-18 “Libraries Search”对话框

注意：在搜索之前，清空 Libraries 面板中“元件名称行”。

2. 填写对话框

(1)Filters：设置元件名称关键字。本例中设置“Name ”“contains”“89C52”。

注意：“Operator”默认为“equals”，需要将其修改为“contains”，并在“Value”选项中输入元件名称的关键字。如果选择“equals”，“Value”选项中必须是准确的元件名称，文字上不能有任何的偏差。

(2)Scope：设置搜索对象的类型和搜索途径。本例中“Search in”选择“Components”，搜索途径为“Libraries on path”。

(3)Path：选择 Altium Designer Winter 09 自带的 Library 文件夹的目录——“C:\Program Files (x86)\Altium Designer Winter 09\Library”。

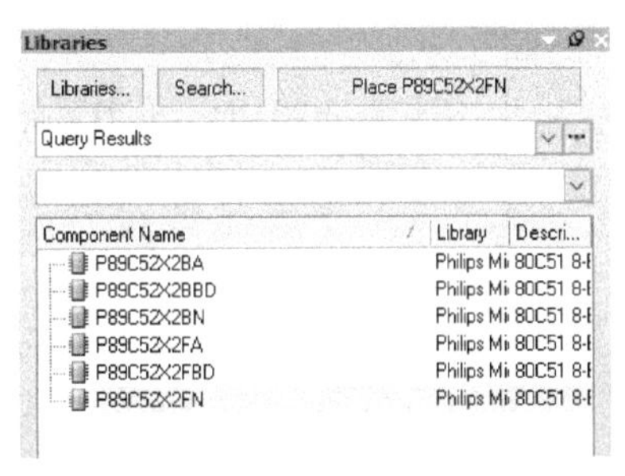

图 3－19　搜索结果

3. 从搜索结果中选取合适的元件

设置好后按“回车”键，软件开始查找名称中包含“89C52”的元件，并将符合要求的元件显示在 Libraries 面板中，如图 3－19 所示。从中选取“P89C52X2FN”。

4. 加载库文件

双击 P89C52X2FN，弹出“Confirm”对话框，询问“是否在工程中加载该元件所在的库文件?”如图 3－20 所示，点击“Yes”按钮。

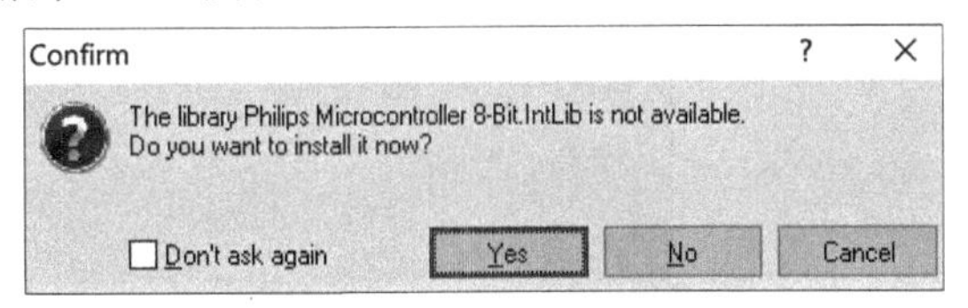

图 3－20　“Confirm”对话框

5. 放置元件

元件随鼠标移动，放置图纸中合适的位置，如图 3－21 所示，保存原理图。

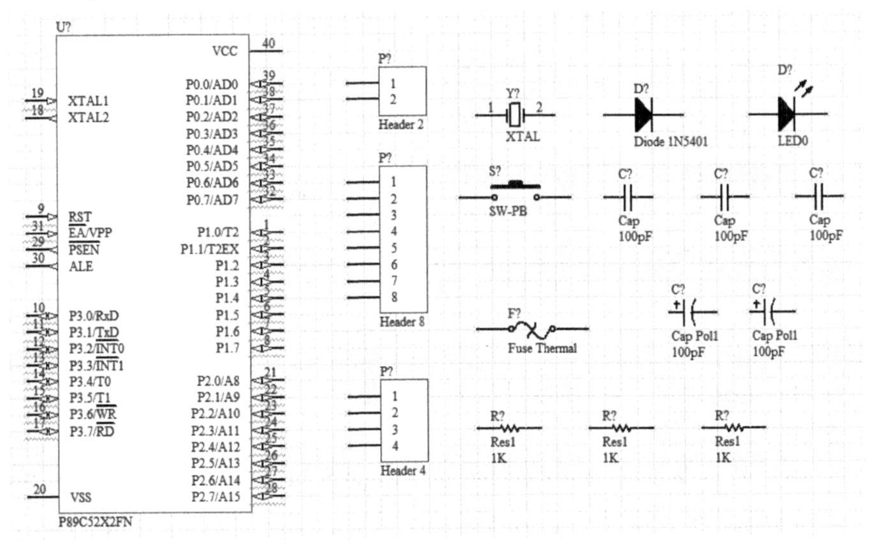

图 3－21　放置集成电路

3.6　设计元件符号

本节主要介绍如何设计元件符号，如图 3-15 中的 S1、J3 和 RP1。

3.6.1　生成元件符号库

1. 根据原理图生成元件库

执行菜单命令"Design\Make Schematic Library"，软件会根据"C51. SchDoc"生成一个元件符号库，库中包含原理图中所有元件，如图 3-22 所示。点击对话框中的"OK"按钮。

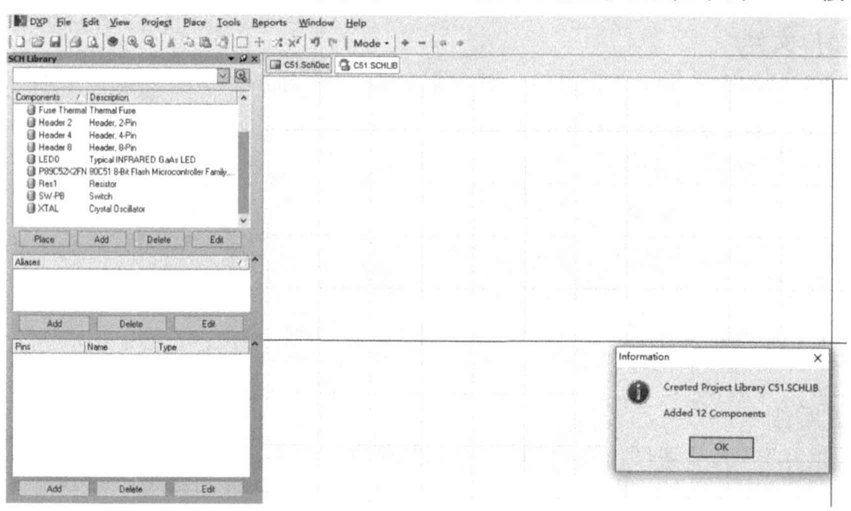

图 3-22　生成元件库

执行菜单命令"File\Save"，将库文件命名为"C51. SchLib"，保存在 C51 文件夹内。

库文件保存后，软件会自动将其调入 C51. PrjPCB 工程中。观察 Project 面板，可看到库文件被存储在"Schematic Library Documents"文件夹下，如图 3-23 所示。

图 3-23　Project 面板

2. 新建元件库

除了由原理图生成元件库外，更常见的做法是直接在工程里新建一个元件符号库。

打开工程文件，执行菜单命令"File\New\Library\Schematic Library"，软件会在当前工程中新建一个元件符号库，保存并命名即可。

注意：应当先打开工程文件，再建立库文件。这样软件会自动将元件库与工程绑定，方便使用。

3.6.2　SCH Library 面板

执行菜单命令"View\Workspace Panels\SCH\ SCH Library"，打开 SCH Library 面板。

C51.SchLib 元件库中包含 12 个元件符号，可通过 SCH Library 面板查看。

鼠标左键点击“SCH Library”面板“元件列表”中的某个元件名称，对应的元件就会显示在主窗口，如图 3－24 所示。

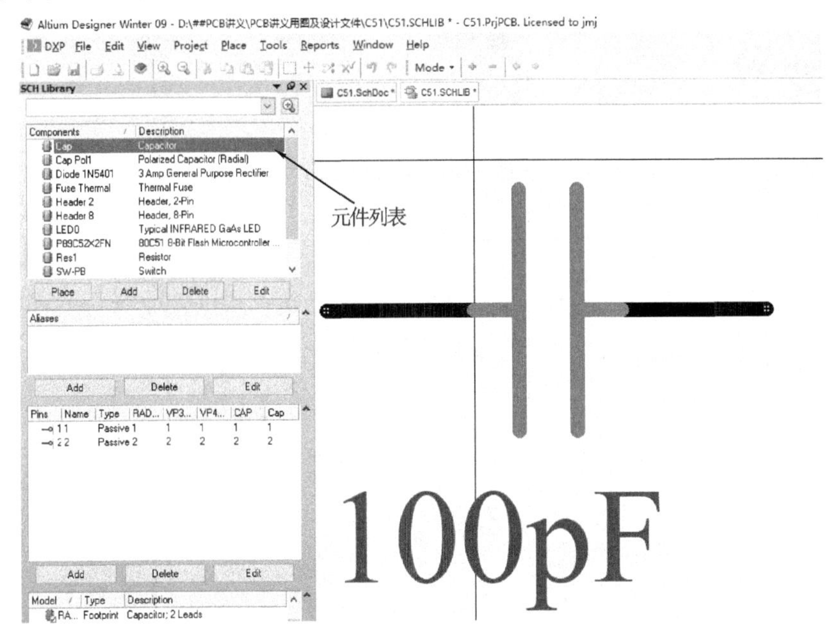

图 3－24　元件符号库界面

3.6.3　设计新的元件符号

Altium Designer Winter 09 库中没有电阻排 RP1 的元件符号，需要自行设计。

1. 新建元件并保存

打开 SCH Library 面板，点击元件列表下的“Add”按钮，如图 3－25 所示。在弹出的对话框中键入元件名称“RP1”，并点击“OK”按钮，如图 3－26 所示。

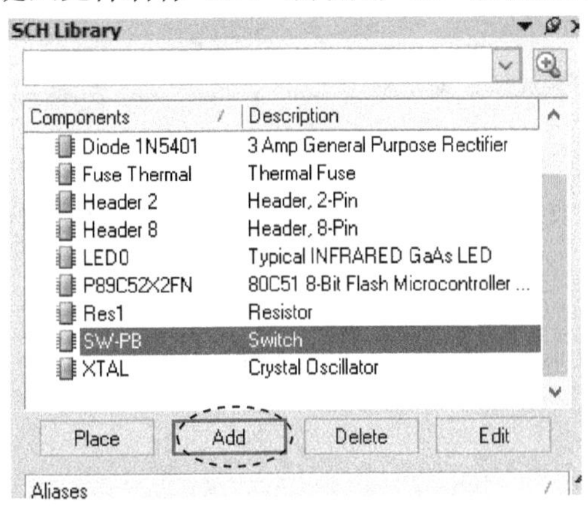

图 3－25　添加元件

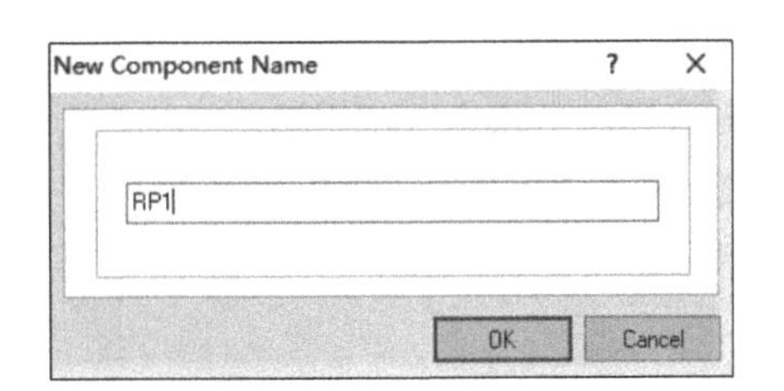

图 3－26　元件命名

2. 绘制元件外形

执行菜单命令“Place\Rectangle”，矩形框随鼠标移动。单击鼠标左键，确定矩形框一角的位置，拖动鼠标，矩形框大小随鼠标变化，单击鼠标左键确定其大小。画好的矩形框如图 3－27 所示。

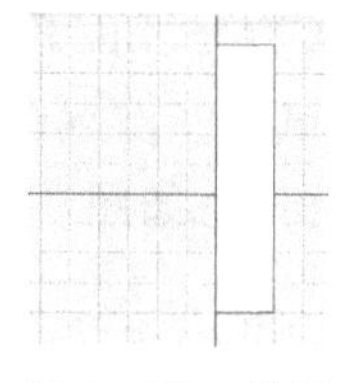

图 3－27　外框

小技巧：放置矩形框时，可先大概确定其大小，放好之后再进行大小位置的调整。具体做法是：用鼠标左键点击矩形框，然后拖动其四边来改变其大小和位置。

3. 放置管脚

执行菜单命令“Place\Pin”，管脚随鼠标移动，点击 Tab 键设置管脚属性，如图 3－28 所示。

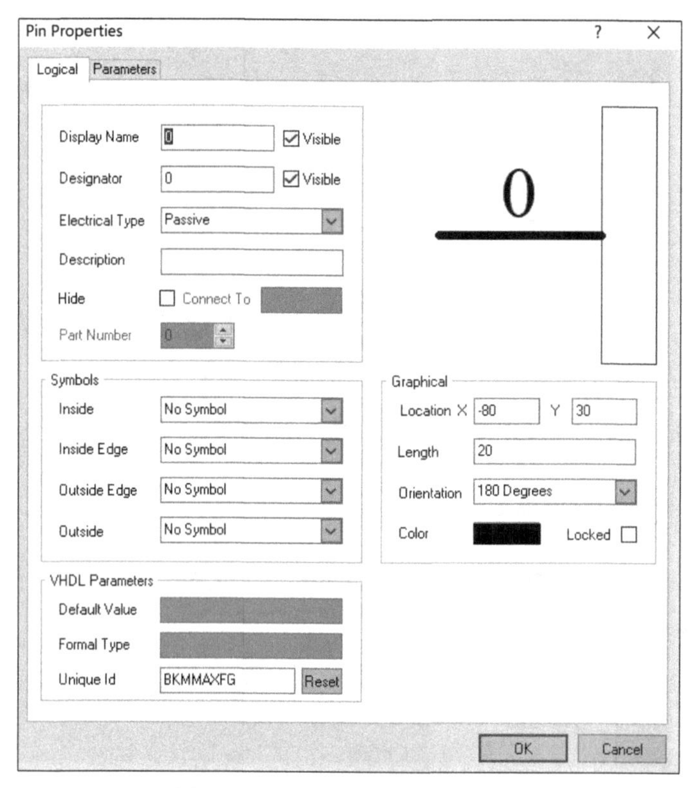

图 3－28　“Pin Properties”对话框

Display Name 属性：管脚名称，没有电气意义。

Designator 属性：管脚标号，管脚的电气定义，管脚最重要的属性。每个管脚根据标号与元器件的实际管脚一一对应。

设置属性后点击“OK”按钮。

单击鼠标左键放置管脚，可连续放置，再单击右键结束。完成的原理图符号如图 3－29 所示，保存。

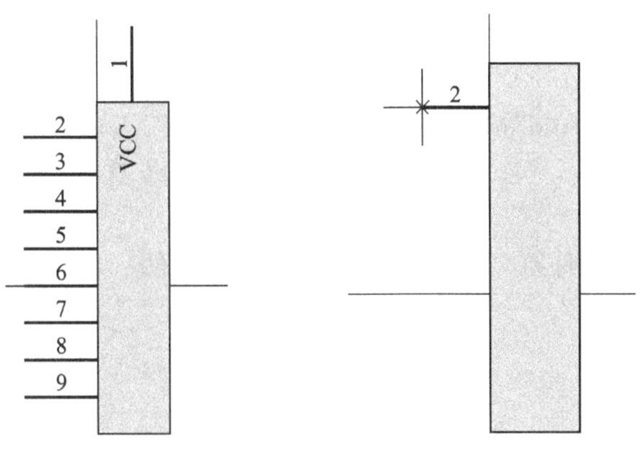

图3-29　RP原理图符号　　　图3-30　管脚的放置方向

注意事项：

①连续放置管脚时，Designator如果设为数字，下一个管脚会自动加1。

②管脚只有一端有电气意义（带有十字标记），需向外，用于连线，如图3-30所示。

③管脚的属性也可以在放置好之后再编辑（左键双击管脚）。

④管脚电气定义由管脚标号（Designator）决定。

⑤管脚位置不需要与元器件实物保持一致，可以为了精简原理图的连线而做出调整，如图3-31中两个元件符号可以相互替代。

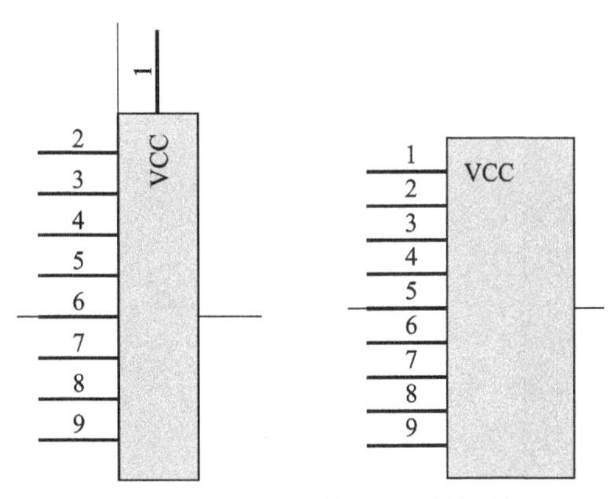

图3-31　可相互替代的元件符号

4. 设置元件参数

双击SCH Library面板里的元件名称，弹出属性对话框，如图3-32所示设置参数。

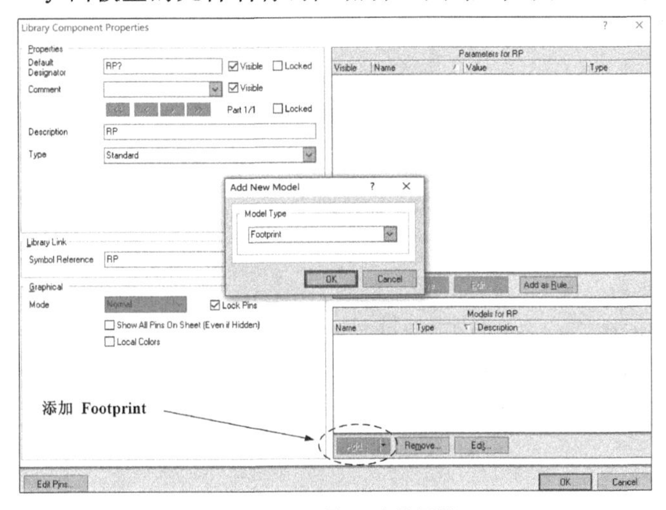

图3-32　设置元件属性

Default Designaetor：默认元件位号，一般填“ * ?”，如电阻填“R?”，电路填“U?”；

Comment：元件名称，填“RP”；

Models for RP：点击“Add”按钮，选择添加“Footprint”，点击“OK”按钮，弹出“PCB Model”对话框，如图 3－33 所示。Name 填写“RP”，PCB Library 选择“Any”。然后点击“OK”完成设置。

按照上述步骤，一个元件符号就设计完成了，保存库文件。

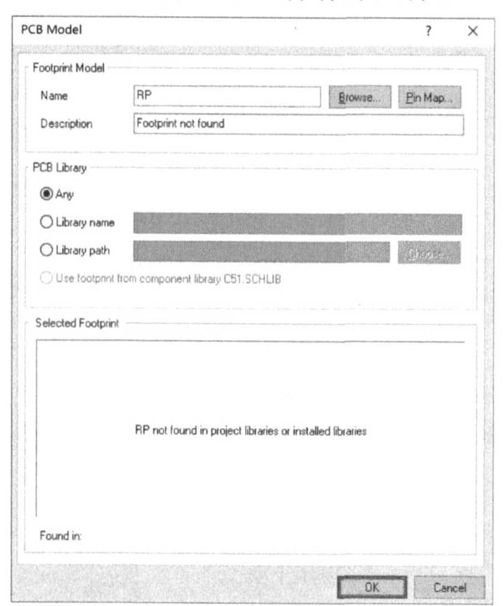

图 3－33 “PCB Model”对话框

3.6.4 修改元件符号

绘制原理图时，有些元件虽然库里没有，但与库里的元件很相似，如图 3－15 中的 S1 和 J3。这种情况下，用户可以自己设计元件，但更简便的方式是直接利用库中的元件符号进行修改。

1. 复制元件

（1）复制。鼠标右键点击 SCH Library 面板“元件列表”中“SW-PB”，在下拉菜单中选择“Copy”。

（2）粘贴。鼠标右键点击 SCH Library 面板“元件列表”中“SW-PB”，在下拉菜单中选择“Paste”。复制的元件符号名称为“SW-PB_1”。

2. 修改管脚和外形

鼠标左键点击 SCH Library 面板“元件列表”中“SW-PB_1”，元件符号出现在主窗口。

（1）编辑管脚。为元件符号增加两个管脚。方法与 3.6.3 节第 3 部分相同。完成后的元件符号如图 3－34 所示。

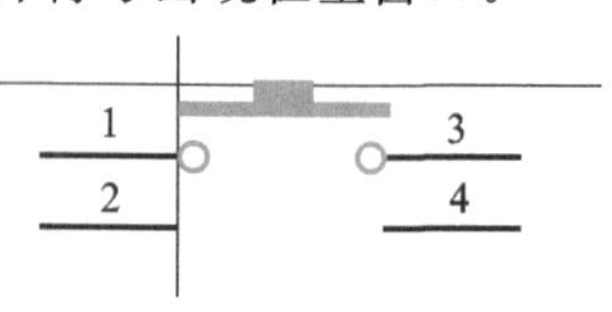

图 3－34 添加管脚

（2）画线。

①执行菜单命令“Place\Line”，启动画线命令。画线起点光标随鼠标移动。

②将光标移动到适当的位置，点击鼠标左键，确定起点。

③将光标移动到适当的位置，点击鼠标右键，确定终点。

④点击鼠标右键，结束画线命令。

完成的元件符号如图 3－35 所示，保存。

注意：线条没有电气意义，只作为图形示意。

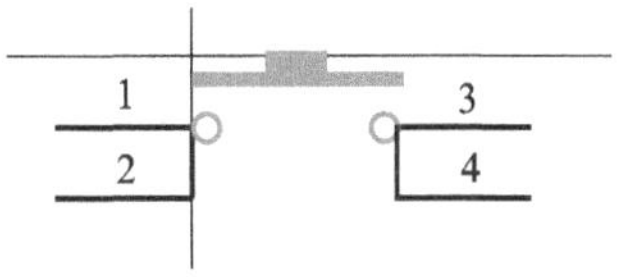

图 3－35　绘制外形

3. 修改元件名称

执行菜单命令"Tools\Rename Component"，打开"Rename Component"对话框。

在对话框中填入元件名称"RST"，如图 3－36 所示。

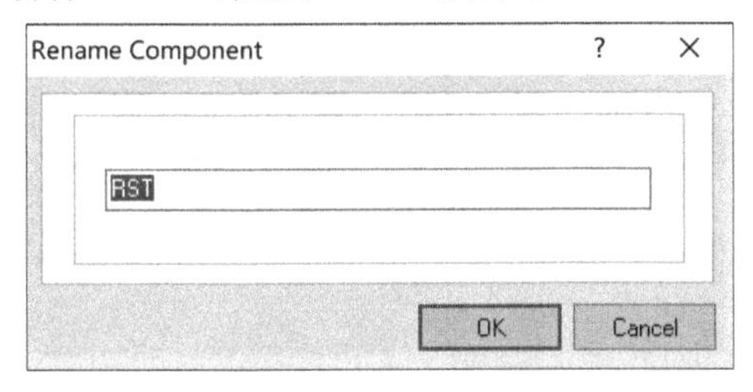

图 3－36　修改元件名称

4. 修改元件参数

按照 3.6.3 节第 4 部分的方法修改元件参数，完成后的参数如图 3－37 所示。

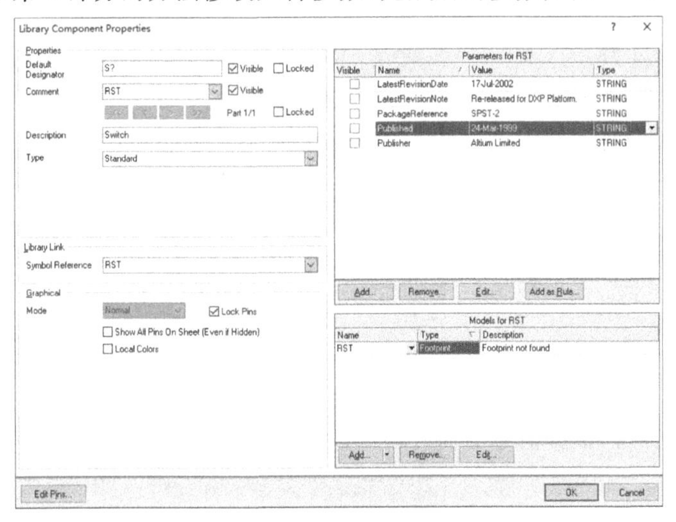

图 3－37　RST 参数

按照同样的办法将库中的 Header4 修改成图 3－38 中的元件符号，命名为"Load 4"。参数如图 3－39 所示。

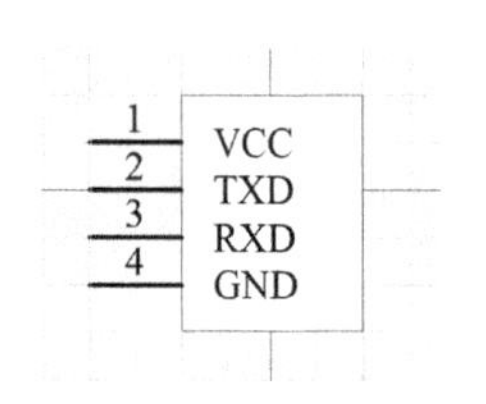

图 3 - 38 Load 4 外形

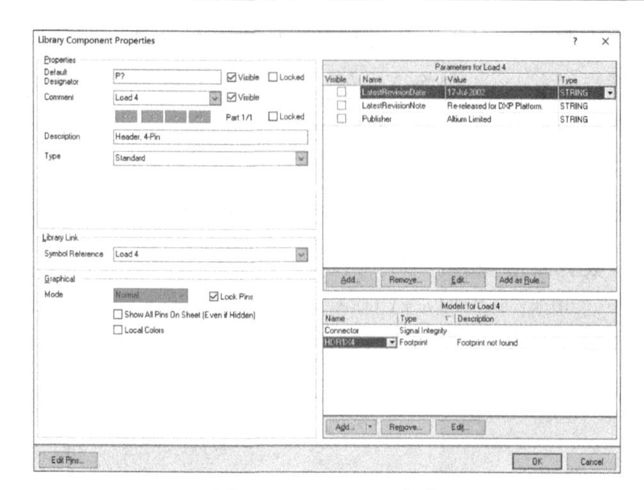

图 3 - 39 Load 4 参数

注意：在修改元件的 Footprint 参数时，PCB Library 一定要选择“Any”。

3.6.5 放置设计的元件

第一步：选择库。

打开 Libraries 面板，点击库列表下拉键，选中库文件 C51. SchLib，可以看到新设计的 RP、RST 和 Load 4。

注意：新建的元件符号库，会自动加载在本工程中，因此不需要再进行加载。

第二步：放置新元件。

双击元件名称将 RP、RST 和 Load 4 放置进原理图。

第三步：删去多余元件。

鼠标左键单击选中 Header 4，键盘点击“Delete”键，删去它。按照相同方法删去 SW-PB。

3.7 布局和编辑

3.7.1 布局原则

放置完所有元件后，根据信号的输入输出路径调整元件的位置。行业习惯是信号的输入在左，输出在右。

3.7.2 元件的移动、旋转和镜像

调整元件位置有以下几种方法：

(1)移动：鼠标左键点住元件，元件可随鼠标移动。

(2)旋转：鼠标左键点住元件，同时按空格键，元件逆时针旋转 90°；松开鼠标左键，元件固定。

(3)水平镜像：鼠标左键点住元件，同时按 X 键。

(4)垂直镜像：鼠标左键点住元件，同时按 Y 键。

3.7.3 选择、复制、剪切、粘贴、删除

1. 选中一个元件

直接用鼠标左键点击元件，元件周围出现绿色的虚线框，表示元件被选中，如图 3-40 所示。单击页面空白处，就可取消选择。

注意：选中一个元件后，按住键盘 Shift 键，可以继续选择其他元件。

2. 选择多个元件

在图纸任意一处按住鼠标左键，然后拖动鼠标，会出现一个矩形窗口，松开鼠标，则窗口内的所有元件被选中。

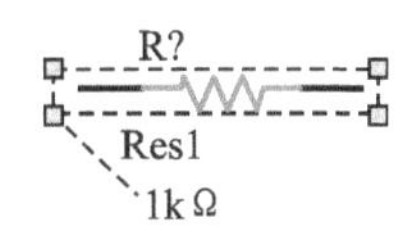

图 3-40 点击选中对象

3. 复制、剪切、粘贴、删除

元件被选中后，就可以对它进行复制、剪切、删除和粘贴等操作了。这些操作可以通过 Edit 菜单里的相关命令实现，也可以直接在键盘上通过快捷键进行。快捷键的定义与 Windows 快捷键基本一致。

注意：3.7.2 节和 3.7.3 节中的编辑功能不但适用于元件，也适用于其他元素，如导线等。

3.8 电气连接

3.8.1 导线连接

元件调整好位置后，需要用导线将其连接起来。以连接"U?"和"Y?"为例讲解具体步骤。

(1)执行菜单命令"Place\Wire"，或者点击工具栏中≈按钮，启动放置导线命令。导线的起始点(十字光标)随鼠标移动，光标靠近"U?"的 19 脚时，出现一个红色的星形连接标志，如图 3-41 所示。

(2)单击鼠标左键，确定导线的起点，导线随鼠标延伸，如图 3-42 所示。

(3)鼠标移至折点单击左键，确定折点位置，再将鼠标移动到"Y?"的管脚 2 上，光标的中心会出现红色的"×"，表示导线与该管脚相接，如图 3-43 所示。再次单击鼠标左键确定导线终点，然后单击鼠标右键结束。

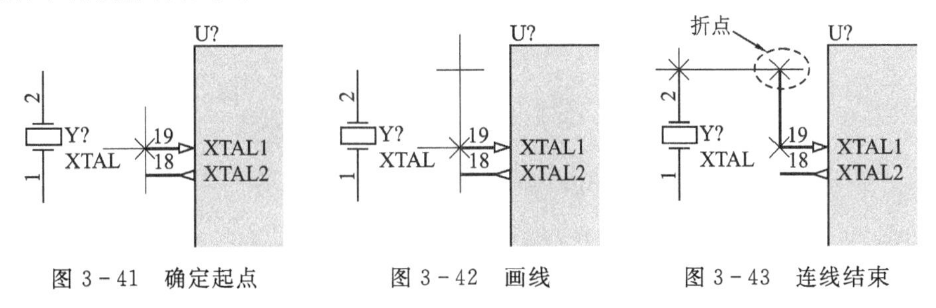

图 3-41 确定起点　图 3-42 画线　图 3-43 连线结束

3.8.2 放置交叉标记

默认情况下，连线时如果跨过一根导线，这两个导线是不连的。

如果希望两根导线连接在一起，执行菜单命令"Place\Manual Junction"调出"交叉标记"，

“交叉标记”随鼠标移动，在导线交叉点单击鼠标左键放置“交叉标记”，单击鼠标右键结束。

3.8.3 放置网络标签(Net Lable)

本书 2.2 节中介绍了网络的概念，网络名称相同的元件管脚等同于导线连接。图3-44(a)中 U2 和 R2 用导线连接，图 3-44(b)中 U2 和 R2 用网络标签连接，这两种连法电气意义相同。

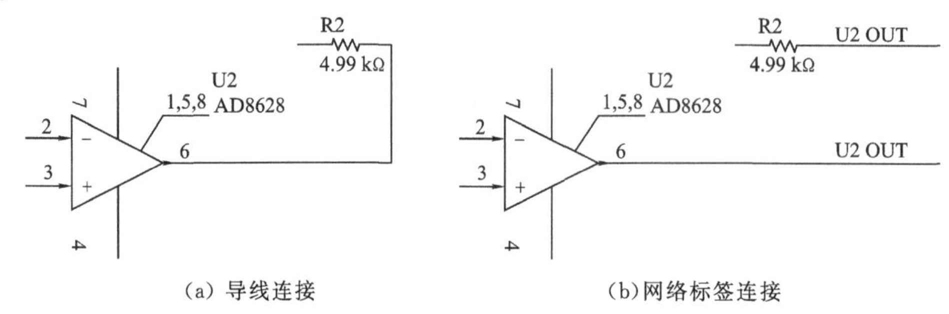

(a) 导线连接 (b)网络标签连接

图 3-44 两种元件连接方法

本小节介绍如何使用网络标签定义电气节点(元件管脚、导线等)的网络。

(1)执行菜单命令“Place\Net Label”，或者点击工具栏中 Net1 按钮，启动放置网络标签命令。网络标签随鼠标移动，单击 Tab 键编辑网络标签的属性，如图 3-45 所示。在 Net 栏输入网络标签的网络名称，点击“OK”按钮。

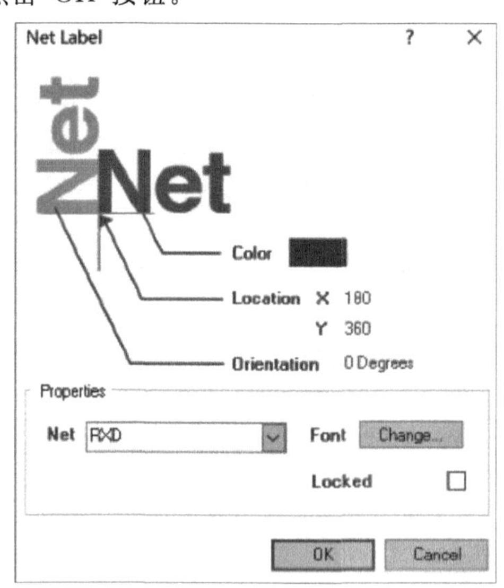

图 3-45 网络标签属性

(2)网络标签靠近导线时，出现一个红色的星形连接标志，表示可以放置网络标签，如图3-46所示。单击鼠标左键放置。网络标签可以连续放置，完成后单击鼠标右键结束。

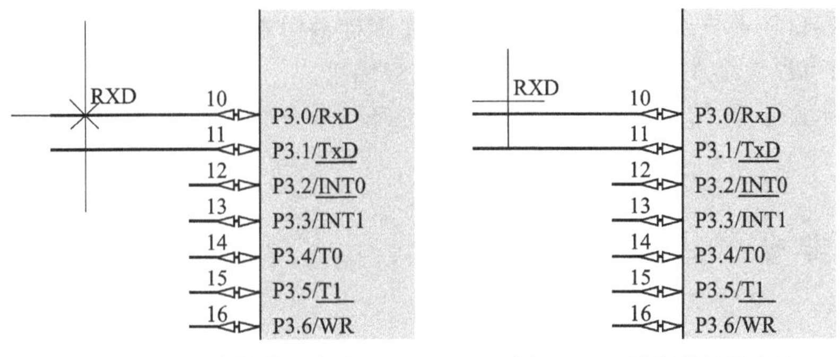

图 3-46　正确的放置方法　　图 3-47　错误的放置方法

注意：

①尽量不要把网络标签直接放置在元件管脚上，而是放置在从管脚引出的导线上。

②放置网络标签时，一定要把 Net Label 左下角的十字符号定义到导线上，即十字符号变为红色。

图 3-47 中网络标签看似离导线很近，但并没有定义成功。这是由于在设置原理图参数时，没有打开 Grids 的 Snap 功能所致。

3.8.4　放置电源端口

在原理图中，网络可以由系统自动赋名，也可以使用“Net Lable”命名。但是对于“电源”网络，为了表明其特殊性，一般使用“电源端口”来表示和命名。电源端口的使用步骤如下：

(1)执行菜单命令“Place\Power Port”，或者点击工具栏中、按钮，启动放置电源端口命令，电源端口随鼠标移动。单击 Tab 键编辑电源端口的属性，如图 3-48 所示。

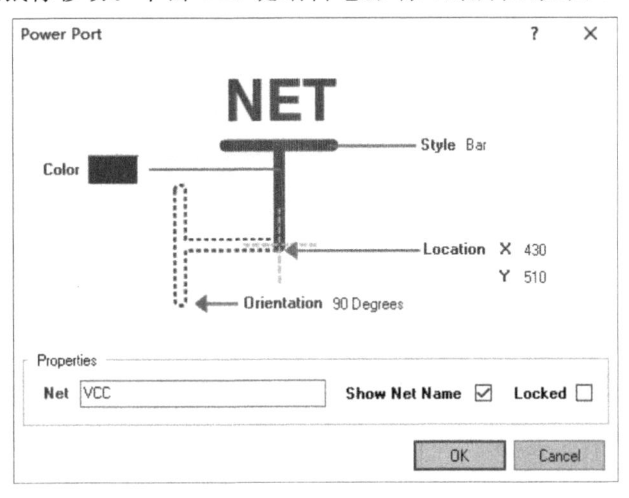

图 3-48　电源端口属性

(2)定义电源端口属性。

①Net：电源网络名，通常“地”使用 GND，“电源”使用 VCC，也可以根据实际情况自行定义。

②Style：端口的样式，通过下拉菜单选择，一般“地”使用 Power Ground，也就是，“电源”使用 Bar，也就是。

(3)电源端口靠近导线时,出现一个红色的星形连接标志,表示可以放置,单击鼠标左键放置。电源端口可以连续放置,完成后单击鼠标右键结束。

注意:从本质上看,用电源端口或网络标签都可以命名电源网络,但电源端口更加形象,因此较为常用。

3.9 非电气连接

3.9.1 总线

总线:设计原理图时,常使用"总线(Bus)"将一组网络连接在一起。同组网络的名称除数字外基本相同,如:AD0、AD1、AD2 等。

本例中 AD0～ AD7 就是一组网络,可以通过总线连接。

1. 总线入口

在使用总线连接一组信号前,通常先在导线上放置总线入口。

执行菜单命令"Place\Bus entry",或者点击工具栏中按钮,启动放置总线入口命令。

总线入口随鼠标移动,移动到导线时,会出现红色十字光标,如图 3－49 所示。单击鼠标左键确定其位置,此时光标上还粘附着下一个可放置的图纸入口,可以继续放置,也可以单击鼠标右键取消。放置好的图纸入口如图 3－50 所示。

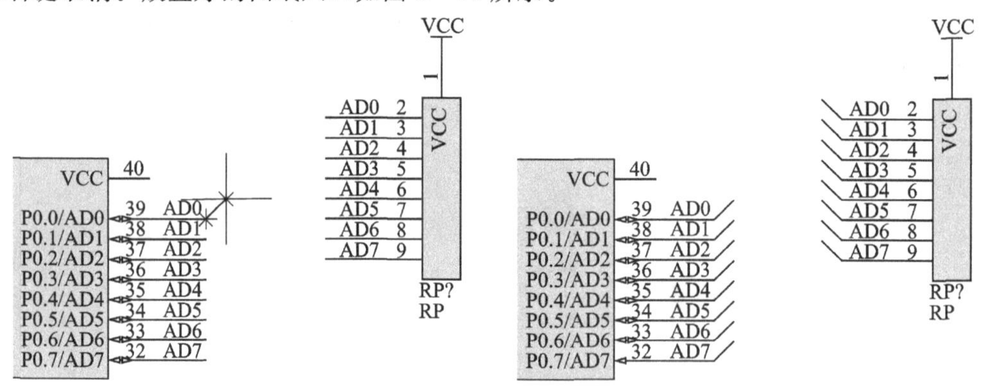

图 3－49 放置第一个总线入口　　　图 3－50 放置完总线入口

2. 放置总线

(1)执行菜单命令"Place\Bus",或者点击工具栏中按钮,启动放置总线命令。总线的画法与导线基本相同。

(2)通过网络标签将总线命名为"AD[0..7]"。

完成后如图 3－51 所示。

注意:

①总线与总线入口连接。

②总线属于非电气连接。"RP?"的 2 脚和"U?"的 39 脚实现电气连接,是因为它们的网络标签一样,而不是因为它们连接到一根总线上。

③如果工程里只有一张原理图,总线只有标识作用。千万不要用总线替代网络标签。

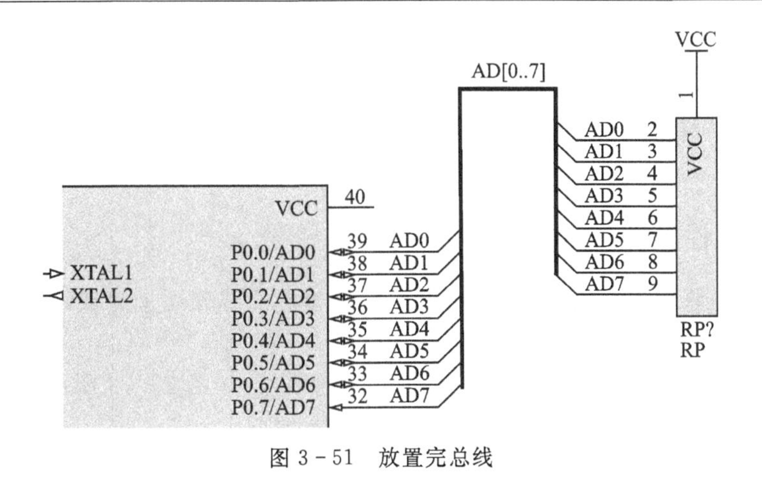

图 3－51　放置完总线

3.9.2　画图

执行菜单命令“Place\Drawing Tools\Line”，启动放置线条命令。线条画法与导线基本雷同。

注意：

①“Place\Drawing Tools\”下的各个选项，对应一类形状的操作命令。

②这些命令所画出的线条或形状都没有电气意义。

③线条与导线不同，不可替代。

3.9.3　字符串和文本框

除了画图外，Altium 还提供字符串和文本框功能。

“Place\Text String”启动放置字符串命令。

“Place\Text Frame”启动放置文本框命令。

3.10　保存原理图

原理图设计完成后，点击工具栏上的按钮保存。绘制完的原理图如图 3－52 所示。

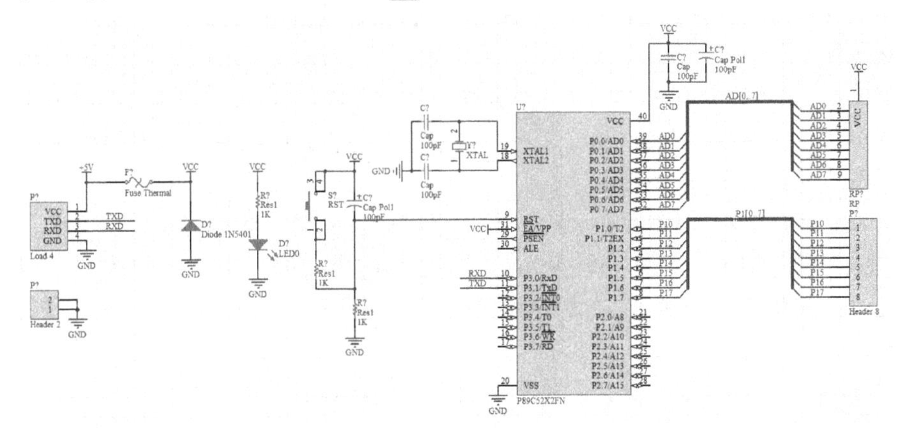

图 3－52　连线完成的原理图

注意：设计原理图时，应每隔一段时间就保存一次原理图，以免软件出错丢失文件。

3.11　设置元件属性

3.11.1　元件属性

图 3-52 中的原理图看似已经画好，但其实最关键的部分还未完成，那就是设置元件的属性。

双击原理图中的某个元件，弹出该元件的属性对话框，如图 3-53 所示，可通过该对话框设置一个元件的各项属性。

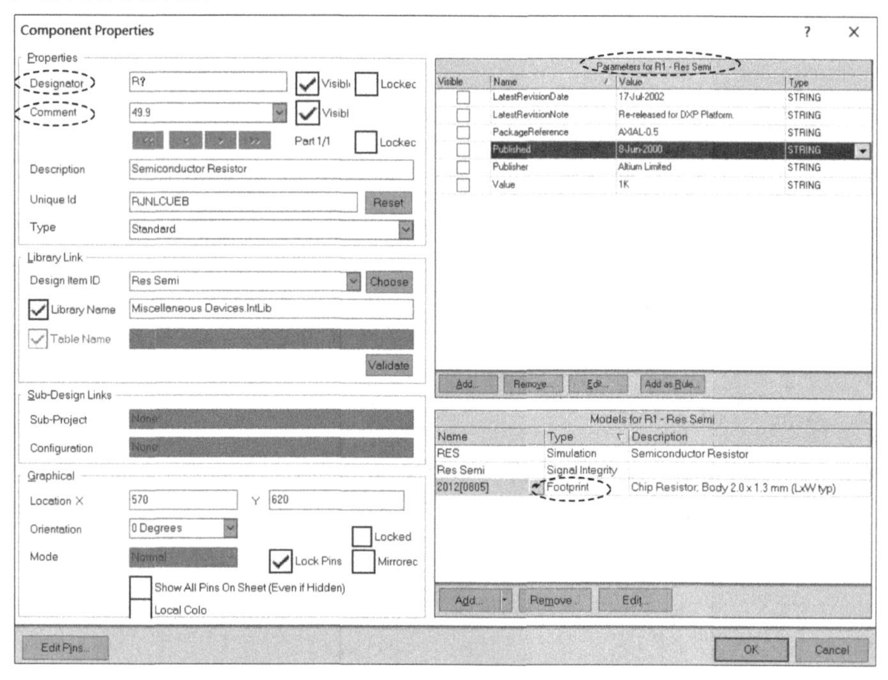

图 3-53　元件属性对话框

Altium Designer 中一个元件有多个属性，其中最为关键的是三项：Designator、Footprint 和 Comment。

Designator：元件的标识符，也可称之为元件标号或元件位号，本文中称之为元件位号。元件位号是一个元件在原理图中的唯一编号，一个电路板工程中不允许出现两个位号相同的元件。

Footprint：元件的 PCB 封装。

Comment：元件的型号，如阻值、集成电路型号等，主要用于标识和输出元件表。

除上述三种外，Altium Designer Winter 09 自带的模型都含有 Parameters 属性，该属性主要用于仿真，初学者可将它们设为不可视（将每一项的 Visible 不打勾）或者删掉其中的 Value 属性。

除了通过属性对话框逐个设置元件的属性外，Altium 还提供一些工具，可对元件属性进行批量设置。本书这两种方法都会用到。

3.11.2　批量设置元件位号

元件的位号是其身份标记，为了避免元件位号重复，建议用户在所有元件放置好之后，通过软件批量设置位号，具体步骤如下。

(1)执行菜单命令“Tools\Annotate Schematics...”，打开“Annotate”对话框，如图 3－54 所示。

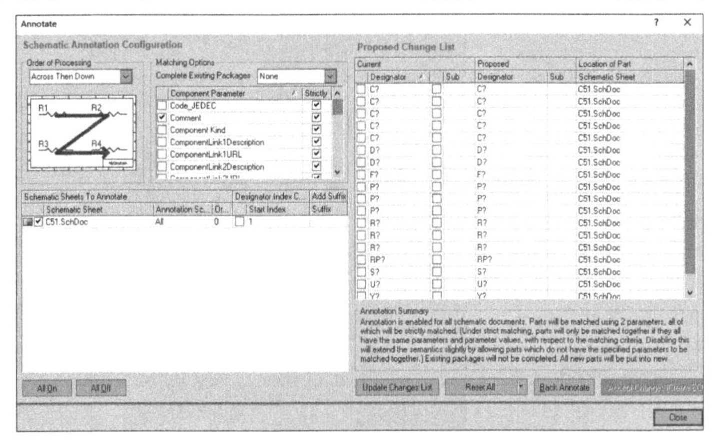

图 3－54　“Annotate”对话框

(2)点击对话框中的“Update Change List”按钮，弹出 Annotate 信息提示框，如图 3－55 所示，点击“OK”按钮。

(3)Annotate 对话框中会更新所有元件的 Designator 属性，如图 3－56 所示。

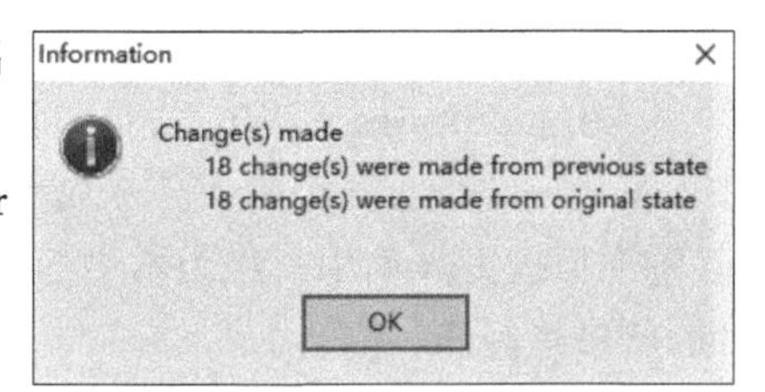

图 3－55　Annotate 信息提示框

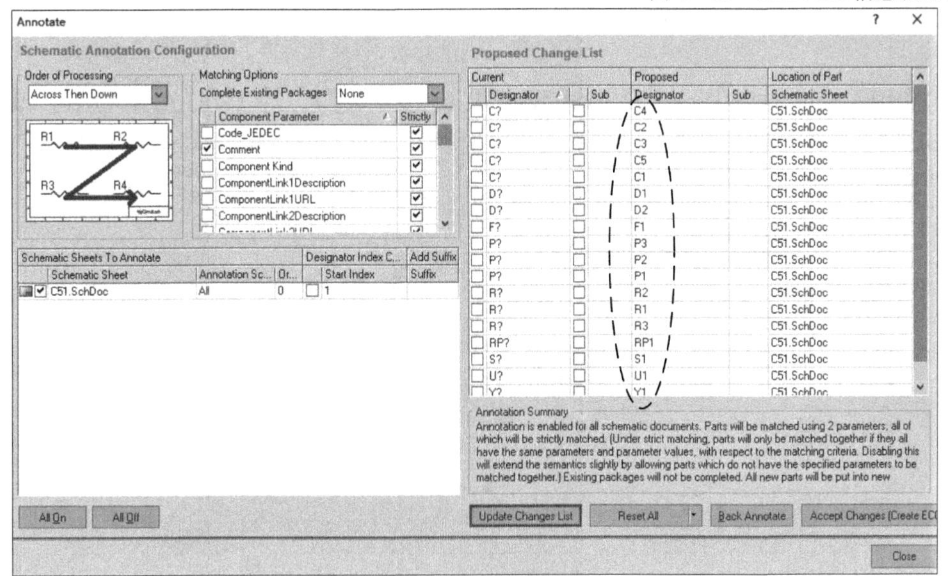

图 3－56　“Annotate”对话框更新

(4)点击“Accept Changes(Create ECO)”按钮接受元件位号的改动，出现“Engineering Change Order”对话框，如图 3－57 所示。点击“Executes Changes”按钮，改动生效，然后点击“Close”按钮关闭“Annotate”对话框。

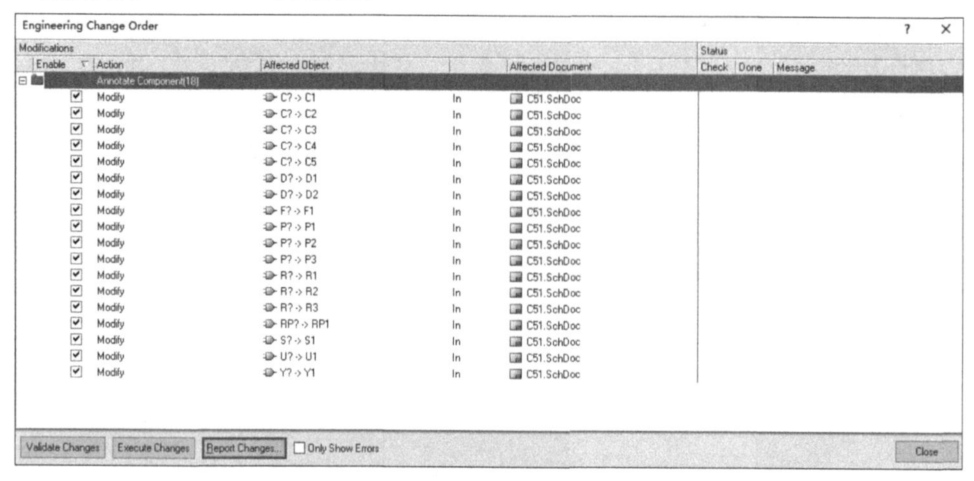

图 3－57　“Engineering Change Order”对话框

3.11.3　批量删除元件的 Value

Altium Designer Winter 09 自带的模型都含有 Parameters 属性，其中的 Value 属性，软件会默认将其显示在原理图界面中。因为本书选择不使用 Value 属性，所以将其统一删去。

(1)执行菜单命令“Tools\Parameter Manager...”，打开“Parameter Editor Options”对话框，如图 3－58 所示。

(2)按图 3－58 勾选“Parts”项，点击“OK”按钮，弹出“Parameter Table Editor For Document”对话框，如图3－59所示。

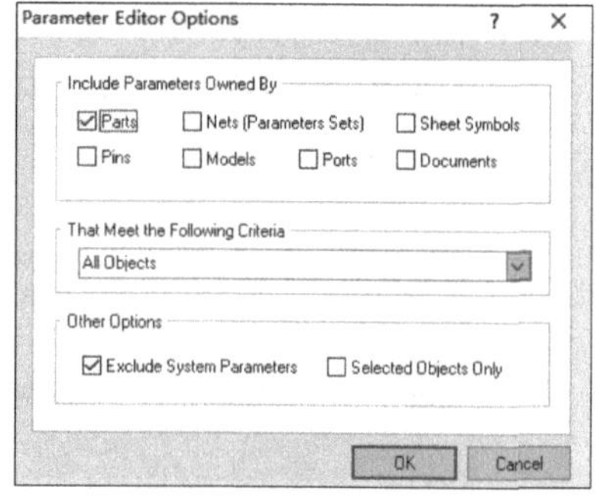

图 3－58　“Parameter Editor Options”对话框

Parameter Table Editor For Document [C51.SchDoc]

18 Objects - None Selected　　User Parameters

Object Type	Document	Identifier	LatestRevision...	LatestRevision...	PackageRefere...	Published	Publisher	Value	ComponentLink...	ComponentLink...	Co
Part	C51.SchDoc	C1	17-Jul-2002	Re-released for D	RB7.6-15	8-Jun-2000	Altium Limited	100pF			
Part	C51.SchDoc	C2	17-Jul-2002	Re-released for D	RAD-0.3	8-Jun-2000	Altium Limited	100pF			
Part	C51.SchDoc	C3	17-Jul-2002	Re-released for D	RAD-0.3	8-Jun-2000	Altium Limited	100pF			
Part	C51.SchDoc	C4	17-Jul-2002	Re-released for D	RAD-0.3	8-Jun-2000	Altium Limited	100pF			
Part	C51.SchDoc	C5	17-Jul-2002	Re-released for D	RB7.6-15	8-Jun-2000	Altium Limited	100pF			
Part	C51.SchDoc	D1	17-Jul-2002	Re-released for D	DO-201AD	8-Jun-2000	Altium Limited		Manufacturer Link	http://www.fairchi	D
Part	C51.SchDoc	D2	08-Jul-2005	Mech Layer 1 rem	LED-0	8-Jun-2000	Altium Limited				
Part	C51.SchDoc	F1	17-Jul-2002	Re-released for D	PIN-W2/E2.8	24-Mar-1999	Altium Limited				
Part	C51.SchDoc	P1	17-Jul-2002	Re-released for D			Altium Limited				
Part	C51.SchDoc	P2	17-Jul-2002	Re-released for D			Altium Limited				
Part	C51.SchDoc	P3	17-Jul-2002	Re-released for D			Altium Limited				
Part	C51.SchDoc	R1	17-Jul-2002	Re-released for D	AXIAL-0.3	8-Jun-2000	Altium Limited	1K			
Part	C51.SchDoc	R2	17-Jul-2002	Re-released for D	AXIAL-0.3	8-Jun-2000	Altium Limited	1K			
Part	C51.SchDoc	R3	17-Jul-2002	Re-released for D	AXIAL-0.3	8-Jun-2000	Altium Limited	1K			
Part	C51.SchDoc	RP1									
Part	C51.SchDoc	S1	17-Jul-2002	Re-released for D	SPST-2	24-Mar-1999	Altium Limited				
Part	C51.SchDoc	U1			SOT129-1	21-May-2003	Altium Limited		Manufacturer Link	http://www-us2.s	D
Part	C51.SchDoc	Y1	17-Jul-2002	Re-released for D	R38	8-Jun-2000	Altium Limited				

Revert Selected　Remove Columns...　Add Column...　Accept Changes (Create ECO)　Cancel

图 3－59　“Parameter Table Editor For Document”对话框

(3)鼠标点击对话框“Value”列中任意一个值，然后点击“Remove Columns...”按钮，弹出确认对话框，点击“Yes”按钮，原理图中所有元件的 Value 属性被删去。

(4)点击“Parameter Table Editor For Document”对话框中的“Accept Changes(Create ECO)”键，打开“Engineering Change Order”对话框，如图 3-60 所示。

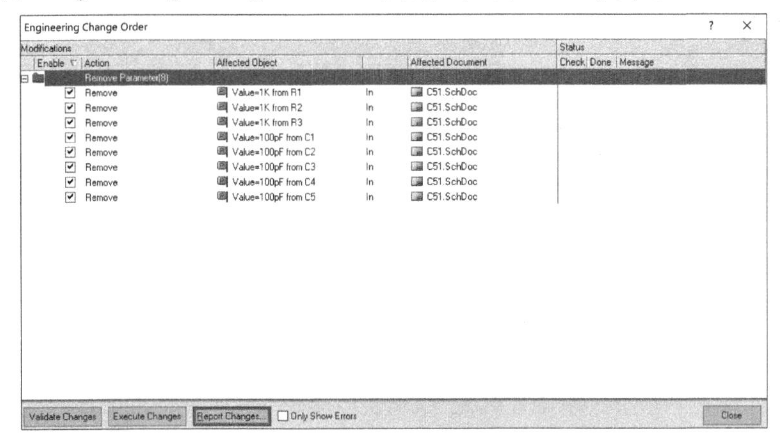

图 3-60　“Engineering Change Order”对话框

(5)鼠标点击对话框中的“Execute Changes”按钮，改动生效，然后点击“Close”按钮关闭对话框。完成后的原理图如图 3-61 所示。

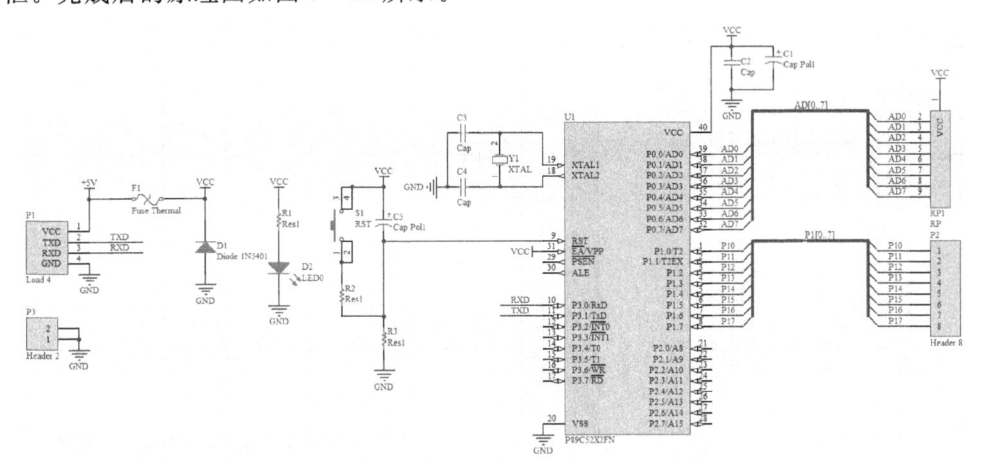

图 3-61　设置位号，删去 Value 值后的原理图

3.11.4　逐个设置元件的型号

元件的型号——Comment 属性并不影响电路板的电气设计，但是它影响电路板生成的元件列表，对于其他人阅读原理图也非常重要。

错误的 Comment 属性会导致用户购买、焊接元件时出错，从而造成整个电路板设计的失败，因此应当准确设置。

双击原理图中的元件，打开“元件属性”对话框，按照表 3-3 逐个设置元件的 Comment 属性。

表 3-3 元件 Comment 属性列表

位号	U1	C1	C2	C3，C4	C5
型号	SST89E51	22 μF/16 V	0.1 μF	33 pF	10 μF/16 V
位号	R1	R2	R3	RP1	Y1
型号	1 kΩ	200 Ω	10 kΩ	4.7 kΩ * 8	11.0592 MHz
位号	D1	D2	P3	P1	P2
型号	1N5819	LED	Header 2	Load 4	Header 8
位号	S1	F1			
型号	RST	Fuse Thermal			

3.11.5 批量设置元件的 PCB 封装

本书已在第 2 章中专门介绍了什么是元件的 PCB 封装，这里不再赘述。

本节以原理图中电解电容 C1、C5 为例，介绍如何使用工具"Footprint Manager"批量设置元件封装。

1. 打开 Footprint Manager 对话框

执行菜单命令"Tools\Footprint Manager..."，打开"Footprint Manager"对话框，如图 3-62所示。

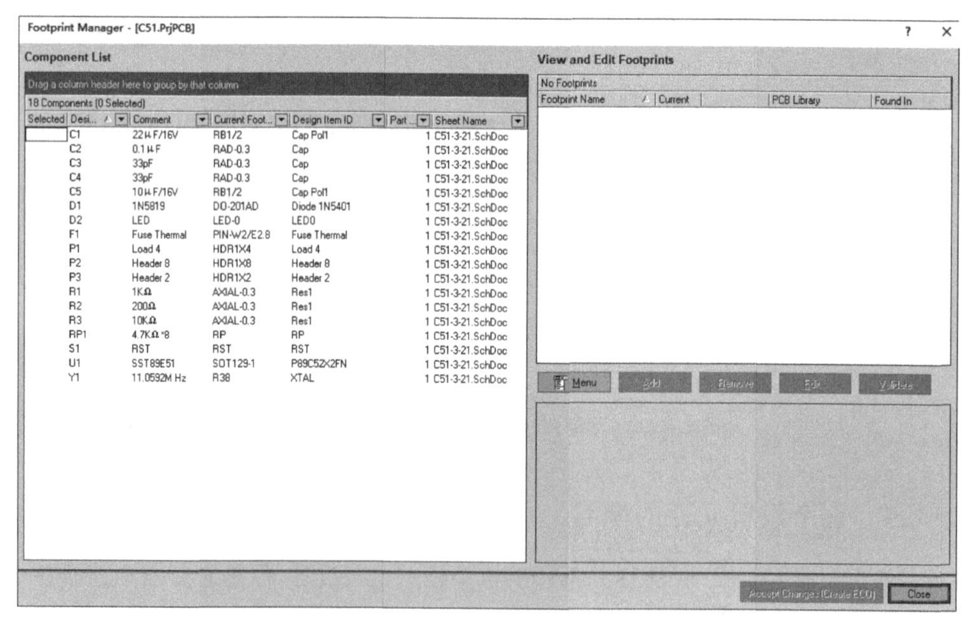

图 3-62 "Footprint Manager"对话框

2. 选中需要批量修改的元件

点击类别名称"Current Footprint..."右侧的下拉键，并在下拉菜单中选择"RB7.6-15"，列表中就只显示封装是 RB7.6-15 的元件。鼠标选中这两个元件，对话框右侧会出现这些元件的可选封装，如图 3-63 所示。

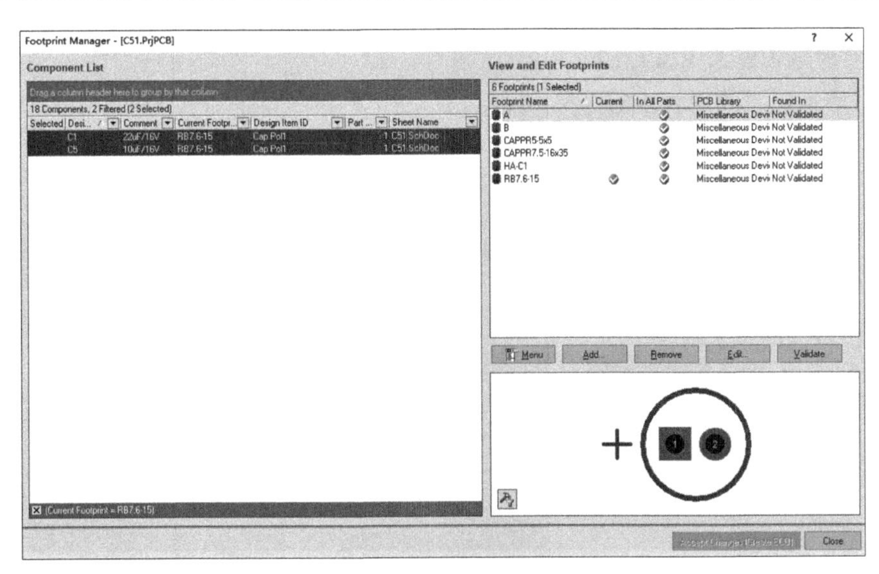

图 3 - 63　选中 C1、C5

Altium 的库文件为 C1 提供 6 个可选封装，本例在放置元件时选择了 RB7.6/15 这个封装。

但实际上，C1、C5 选用的是电解电容，软件库中提供的 6 种封装均不合适，正确的封装是 RB.1/.2。软件库没有这个封装，需要用户自行设计。设计原理图时只需要将元件的封装属性修改为 RB.1/.2，至于该封装的设计方法会在第 4 章中详细介绍。

3. 添加封装

鼠标点击封装列表下方的“Add...”按钮，打开“PCB Model”对话框。

在“PCB Library”栏选择“Any”后，在“Name”栏中填入“RB.1/.2”，如图 3 - 64 所示。

因为工程所含库文件中没有名为“RB.1/.2”的 PCB 封装，所以对话框中的“Selected Footprint”栏显示封装未找到。

鼠标点击“OK”按钮关闭“PCB Model”对话框。

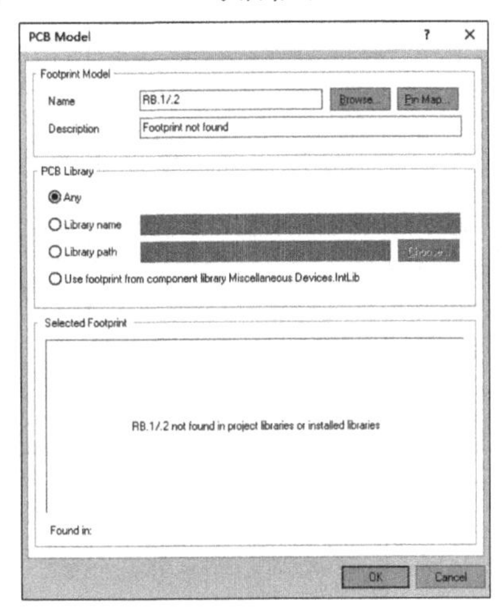

图 3 - 64　添加封装

4. 元件封装设置为 RB.1/.2

鼠标右键点击封装列表中的“RB.1/.2”，在下拉菜单中选择“Set As Current”，将 C1、C5 的封装改为 RB.1/.2，如图 3-65 所示。

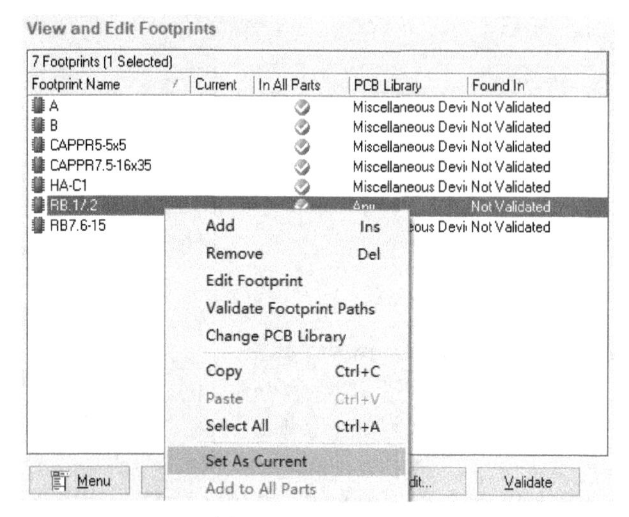

图 3-65 设置封装

5. 保存设置

点击“Footprint Manager”对话框右下角的“Accept Changes”按钮，打开“Engineering Change Order”对话框。

鼠标点击“Engineering Change Order”对话框中“Execute Changes”按钮，改动生效，然后点击“Close”按钮关闭对话框。

使用相同方法，按照表 3-4 设置所有元件的封装。

表 3-4 元件封装列表

位号	R1-R3	U1	P2	P3	P1
封装	AXIAL-0.3	SOT129-1	HDR1X8	HDR1X2	HDR1X4
封装类型	元件自带	元件自带	元件自带	元件自带	元件自带
位号	C2-C4	C1、C5	D2	F1	Y1
封装	RAD-0.2	RB.1/.2	LED-1	FUSE-2	XTAL-2
封装类型	用户定义	用户定义	用户定义	用户定义	用户定义
位号	D1	S1	RP1		
封装	DIODE-3	RST	RP		
封装类型	用户定义	用户定义	用户定义		

注意：

(1) 自定义的封装名称可能会与软件自带库中的某个封装名重合，此时软件会默认用户选用的是软件库中的 PCB 封装。

如用户自己定义的 C2-C4、D2 的 PCB 封装名都和软件库中封装名重合，软件就自动将这个封装匹配为软件库中的样子，如图3-66所示。

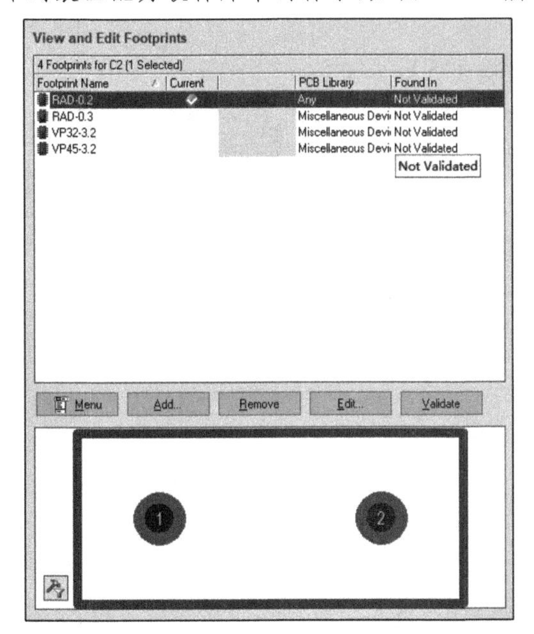

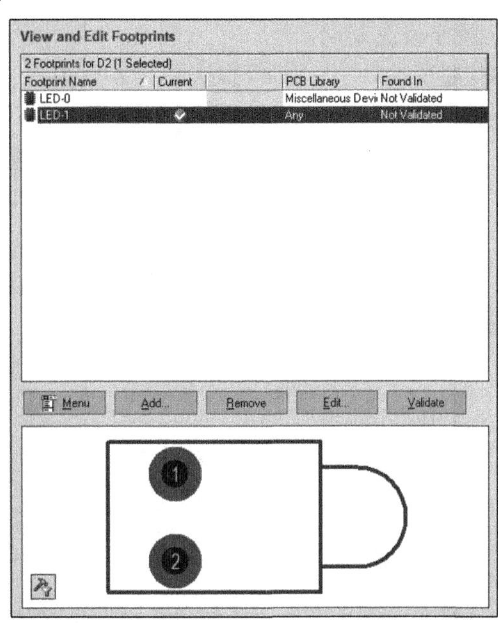

图3-66 自定义封装与库中的封装重名

(2)这种情况下，有两种结果：第一种，软件库中重名的PCB封装与用户需要的一致，可以直接使用，如RAD-0.2；第二种，虽然重名，但是焊盘尺寸、距离完全不同，不能使用，如LED-1。

(3)对于D2这种情况，在这里不做处理，等到设计PCB时我们会再介绍解决方法。

3.12 编译原理图

编译原理图就是让软件自动检查原理图是否有错，是电路板设计的必要步骤。

注意：编译是否报错取决于软件中用户设置的规则，一般情况下使用软件默认规则即可。

为方便讲解，本书将已画好的原理图中的元件C3的Designators改为C5，然后编译。

(1)执行菜单命令"Project\Compile Document C51.SchDoc"，编译文件。

(2)查看Messages面板，如图3-67所示。Messages面板中的信息分为两种，Warning和Error。通常，对于Warning可以不加理会，对于Error需要分析是何种错误。

Messages

Class	Document	Source	Message	Time	Date	No.
[Error]	C51.SchDoc	Compiler	Duplicate Component Designators C5 at 525,540 and 450,455	15:14:29	2019/6/13	2
[Error]	C51.SchDoc	Compiler	Duplicate Net Names Wire NetC5_2	15:14:29	2019/6/13	5
[Warning]	C51.SchDoc	Compiler	Floating Net Label AD7	15:14:29	2019/6/13	1
[Warning]	C51.SchDoc	Compiler	Net NetC5_2 has no driving source (Pin C5-2,Pin R2-1,Pin R3-2,Pin U1-9)	15:14:29	2019/6/13	4
[Warning]	C51.SchDoc	Compiler	Net NetC5_2 has no driving source (Pin C5-2,Pin U1-19,Pin Y1-2)	15:14:29	2019/6/13	3

Projects Messages

图3-67 编译后的Messages信息

编译原理图主要目的是检查是否有重名的元件。图3-65中的错误信息"Duplicate Component Designators C5"，意思是：有两个名为"C5"的元件。双击Messages面板中的Error信息，弹出 Compile Error 面板，如同 3－68 所示。双击“C6”，原理图自动显示该元件的具体位置，便于修改错误。

注意：原理图编译通过，只代表原理图没有违反软件设置的默认规则，不代表原理图中没有设计错误，如漏画元件，漏连线等。原理图中是否有设计问题最终还是需要用户自己去判断。

常见的设计问题有以下几点：

(1)没有对外接口，一块电路板至少需要供电接口。

(2)没有滤波电容，只要有集成电路，就需要为其设计滤波电容。

(3)错把总线当作电气连接，不定义网络标签。

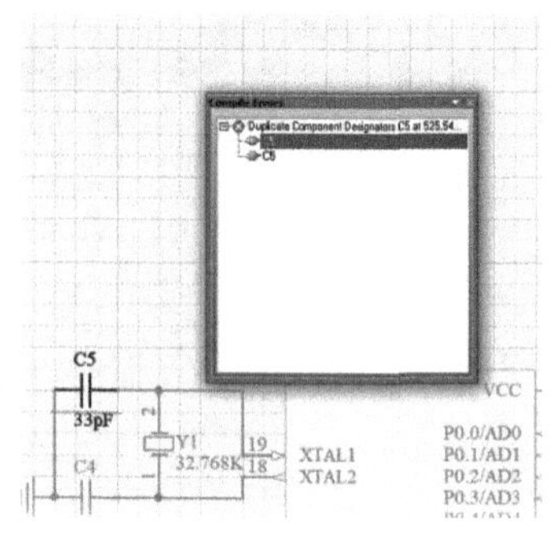

图 3－68　Compile Error 面板

3.13　生成报表

3.13.1　生成网表

网表文件是一种抽象描述原理图中逻辑关系的手段，包含了原理图中所有元件的信息和网络关系，即元件和 NET。生成网表文件的步骤如下。

1. 设置网表选项

执行菜单命令“Project\Project Options”，打开“Project Option”对话框，单击“Options”选项卡。通过该选项卡可设置文件的输出路径、输出选项和网表的相关选项。一般情况下采用默认即可。

2. 生成网表

打开原理图 C51. SchDoc，执行菜单命令“Design\Netlist For Document\Protel”，系统自动生成原理图的网表文件，保存在 Projects 面板里的 Netlist Files 文件中，并将其命名为“C51. Net”，如图 3－69 所示。

图 3－69　生成网表

双击文件名，打开网表。网表文件主要包含两部分：第一部分是元件清单，描述了每个元件的位号、封装和型号；第二部分是网络清单，清单里含有网络名称、该网络上所有的元件管脚。

注意：早期的 Protel 99SE 软件，需要先用原理图生成网表文件，再将网表导入 PCB 文件中。对于 PCB 文件来说，它所形成的元件网络关系完全是通过网表得到的。

Altium 软件可以直接将原理图导入到 PCB 中，省略了生成网表文件的这一过程，但是网表文件依然是反映原理图中网络关系最直观的方式，也是发现原理图错误的一种手段。如果遇到 PCB 文件中网络关系与设计有出入时，可以通过网表查找原因。

3.13.2　生成元件清单

(1)打开设计完成的原理图，执行菜单命令“Reports\Bill of Materials”，打开对话框，如图 3－70 所示。

(2)对话框左侧选择要输出的项目,包括 Comment(型号)、Footprint(封装)、Designator(元件位号)、Quantity(数量)、Description(描述)等,对话框右侧显示输出的内容。

(3)对话框下方选择输出文件的格式,选择 *.xls 格式。

(4)确定无误后单击对话框下方的“Export...”按钮,输出文件。

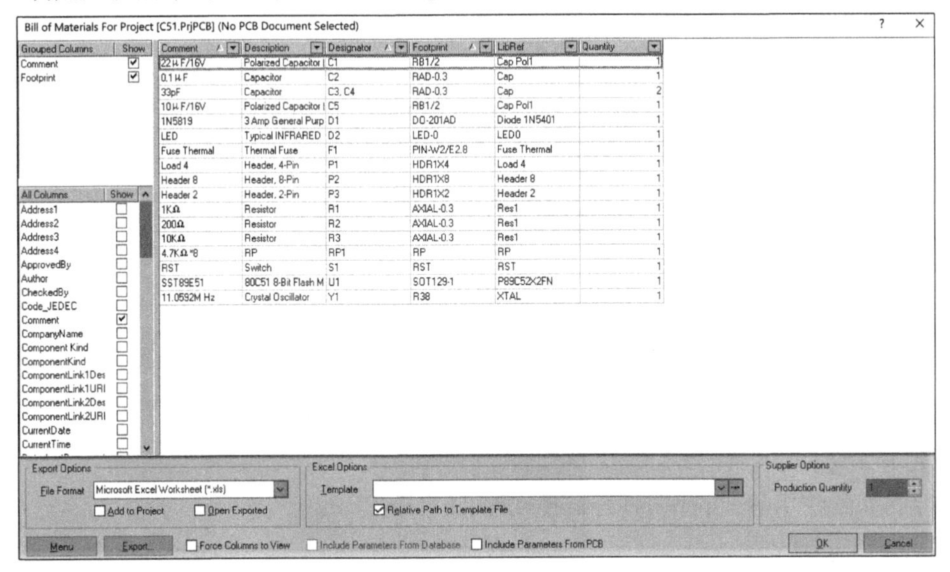

图 3-70　元件清单

元件清单是购买元器件、焊接电路板的依据,在完成后需要与原理图仔细核实,以免出错。

第 4 章　PCB 封装设计

Altium 软件提供了丰富的 PCB 封装资源，但实际设计中，总有一些元器件在软件自带库中无法找到对应的 PCB 封装，如表 3－3 中的 D2。因此，学会设计 PCB 封装对于电路板设计是非常有必要的。

本章将以几种典型元器件为例，详细介绍 PCB 封装的设计流程和方法，为 PCB 设计做好准备。

4.1　创建封装库

创建封装库是设计封装的第一步，一个库文件中可以存放、管理多个 PCB 封装。

1. 打开工程

执行菜单命令"File\Open"，打开工程文件 C51. PrjPCB。

2. 创建封装库

执行菜单命令"File\New\ Library\PCB Library"，新建封装库，将其命名为"C51. PcbLib"并保存。Project 面板会自动将该文件归类在 C51. PrjPCB 的"PCB Library Documents"文件夹下，如图 4－1 所示。

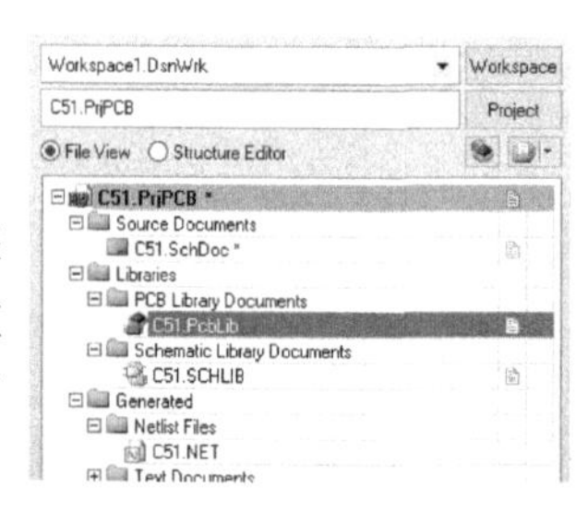

图 4－1　建立封装库

保存好的封装库界面如图 4－2 所示。

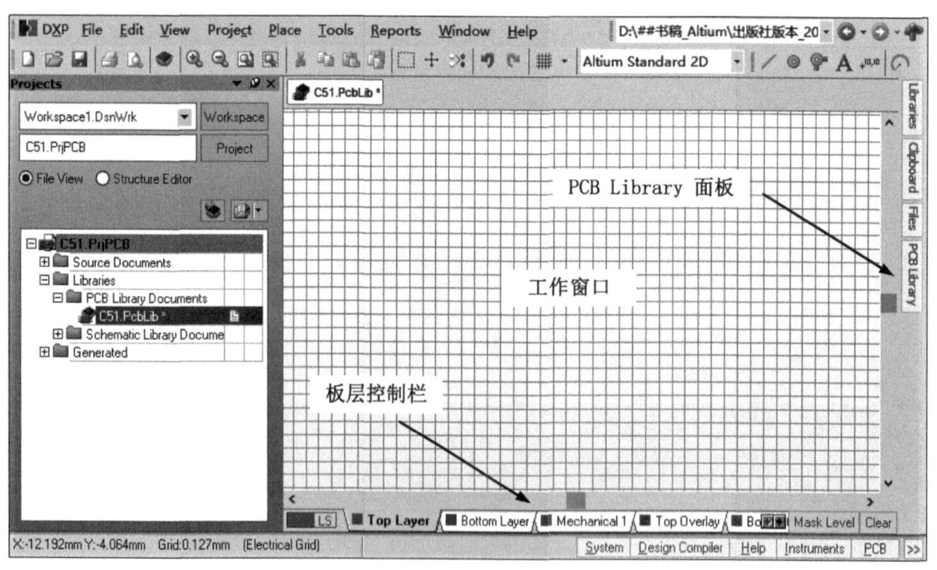

图 4－2　封装库界面

4.2　封装库设计界面

封装库设计界面与之前的原理图界面很相似，由菜单栏、工具栏、工作窗口、工作面板等组成，如图 4-2 所示。

这里介绍两个新的工具：PCB Library 面板和位于工作窗口下方的板层控制栏。

4.2.1　PCB Library 面板

软件默认状态下，PCB Library 面板是关闭的。

执行菜单命令“View\Workspace Panels\PCB\ PCB Library”，打开 PCB Library 面板，系统已自动在新建的库文件里存储了一个名为“PCBCOMPONENT_1”的封装，如图 4-3(a)所示。

为便于介绍面板功能，打开一个已设计好的封装库文件，如图 4-3(b)所示。

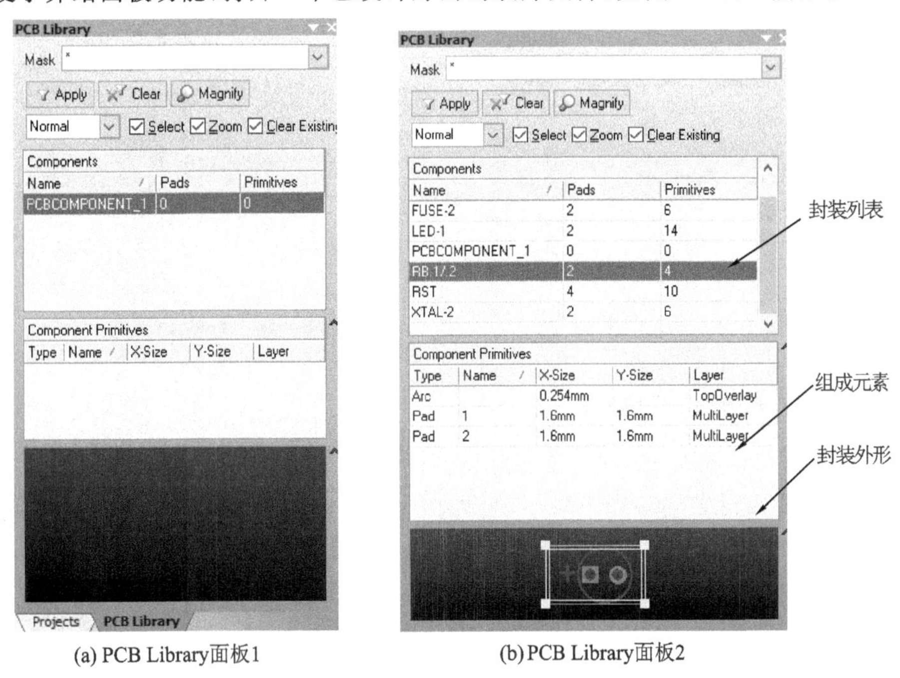

(a) PCB Library面板1　　(b) PCB Library面板2

图 4-3　PCB Library 面板

“Components”区域为封装列表，显示该库文件存储的所有 PCB 封装。

点击某个封装，“Component Primitives”区域显示该封装的组成元素，包括焊盘和轮廓；图形区域显示该封装的外形。

PCB Library 面板可用于管理库文件中的每一个 PCB 封装，是设计封装的重要工具。

4.2.2　板层控制栏

板层控制栏用于切换工作窗口的活动板层，板层的概念会在第 5 章详细介绍，本章只需要会用即可。

4.3 设计 PCB 封装

本节以常用的电解电容封装 RB.1/.2 为例，介绍通孔元器件 PCB 封装的设计方法。

4.3.1 新建 PCB 封装

打开 C51.PcbLib，在 PCB Library 面板中右键单击 Components 列表空白处，在弹出的菜单中选择“New Blank Component”，如图 4－4 所示。

软件会在封装库里增加一个名为“PCBCOMPONENT_1-DUPLICATE”的 PCB 封装，如图 4－5 所示。

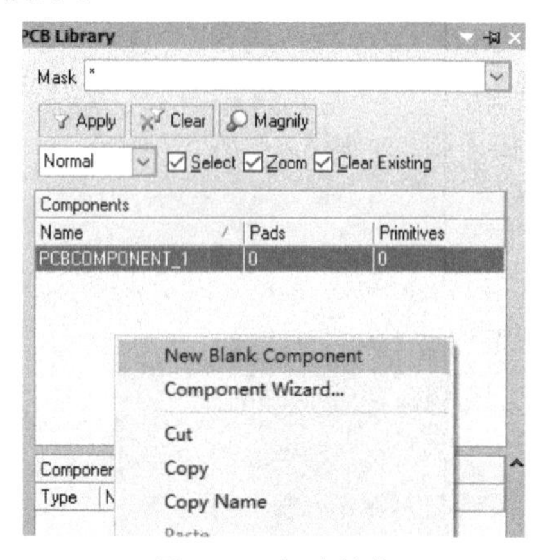

图 4－4 新建封装

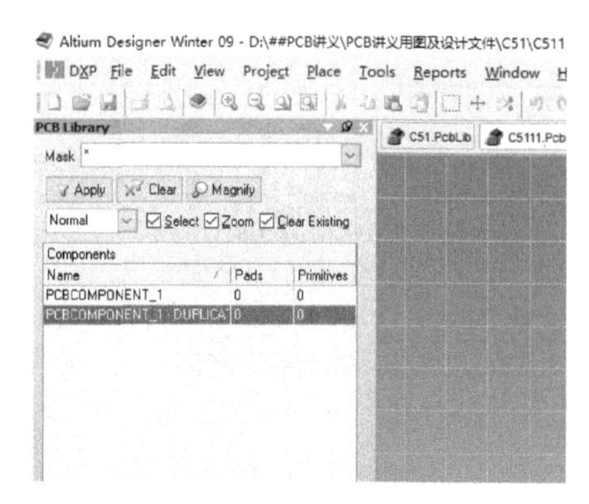

图 4－5 建立好的 PCB 封装

4.3.2 定义封装名称

鼠标左键双击 Components 列表中的封装名，出现对话框。

在对话框内填入封装名称“RB.1/.2”，如图 4－6所示，点击“OK”按钮确定。

Components 列表中的封装名就会改为“RB.1/.2”。

鼠标左键选中 Components 列表中的“RB.1/.2”，右侧工作窗口就会切换为该封装的编辑界面。

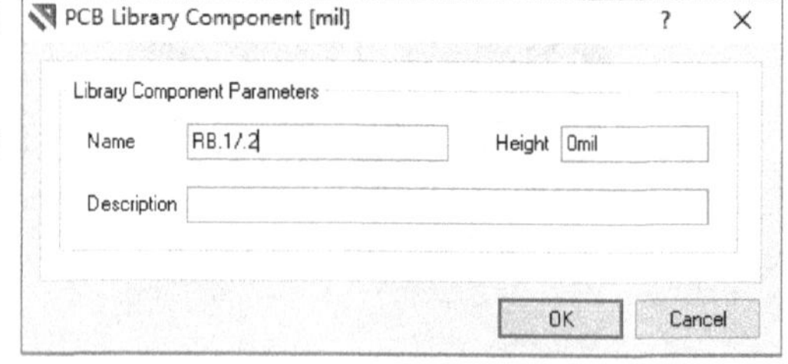

图 4－6 设置封装名称

4.3.3 放置焊盘

1. 确定焊盘尺寸

焊盘是电路板上用来焊接、固定元器件的孔或面。

通孔焊盘尺寸一般遵循如下规则：

(1)焊盘孔径 ＝ 引线直径 ＋ 0.2 mm；

(2)焊盘盘面直径 ＝ 焊盘孔径 ＋ 0.6 mm。

实际设计时，因为元器件的引线直径存在误差，焊盘孔径往往不会控制的这么严格，但必须比引线直径大。

铝电解电容的引线为金属丝，根据经验将焊盘的孔径设为 1 mm，盘面直径设为 1.6 mm。

2. 放置焊盘

执行菜单命令“Place\Pad” 启动放置焊盘命令，焊盘随鼠标移动，单击鼠标左键将焊盘放置在工作窗口任意位置上。

3. 调整工作窗口

因为焊盘较小，在工作窗口中可能无法观察到，因此需要先调整工作窗口。

在键盘上输入“VF”，启动“View/Fit All Objects”命令，软件会自动将工作窗口调整为只显示刚放入的焊盘。除了使用该命令外，用户也可以通过键盘上的快捷键“PgUp”(放大)和“PgDn”(缩小)调整工作窗口。

4. 调整尺寸单位

软件默认尺寸单位为英制。

从键盘输入“Q”，将尺寸单位调整为公制。

5. 设置焊盘属性

鼠标左键双击焊盘，弹出焊盘属性对话框，如图 4－7 所示。

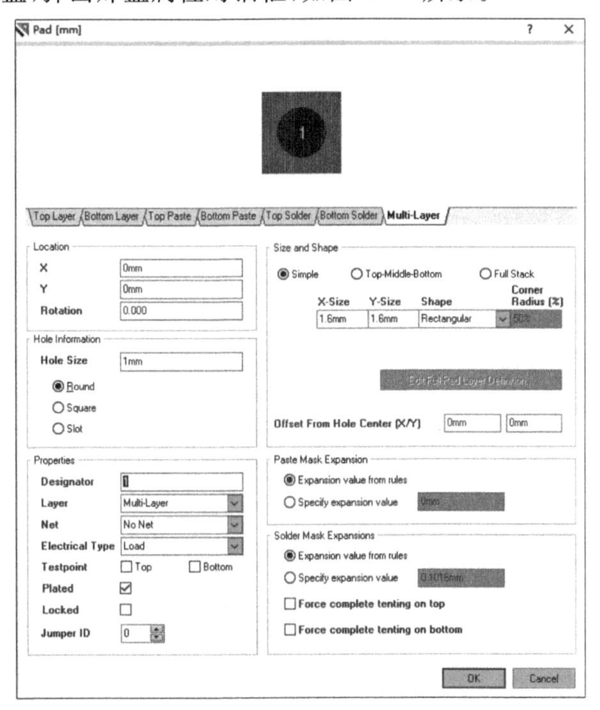

图 4－7　焊盘属性对话框

对于焊盘来说，一般要设置五个属性：

(1)Location(位置)：焊盘放置的坐标位置。

(2)Hole Size(孔径)：焊盘孔径。

(3)Designator(焊盘标号)：它必须与原理图中的元件管脚标号(Designator)一致。

(4)Layer(层):制作通孔元器件封装时,Layer 选择“Multi-Layer”。

(5)Size and Shape(尺寸和形状):通常 1 脚焊盘的 Shape(形状)选择 Rectangular(矩形),其他焊盘选择 Round(圆形)。

按照图 4-7 设置好之后,点击对话框“OK”按钮。窗口切换回 C51. PCBLib。因为修改了焊盘位置,窗口界面可能无法看到焊盘,只需要在键盘上输入“VF”,重新调整一下窗口即可,设置好的焊盘如图 4-8 所示。

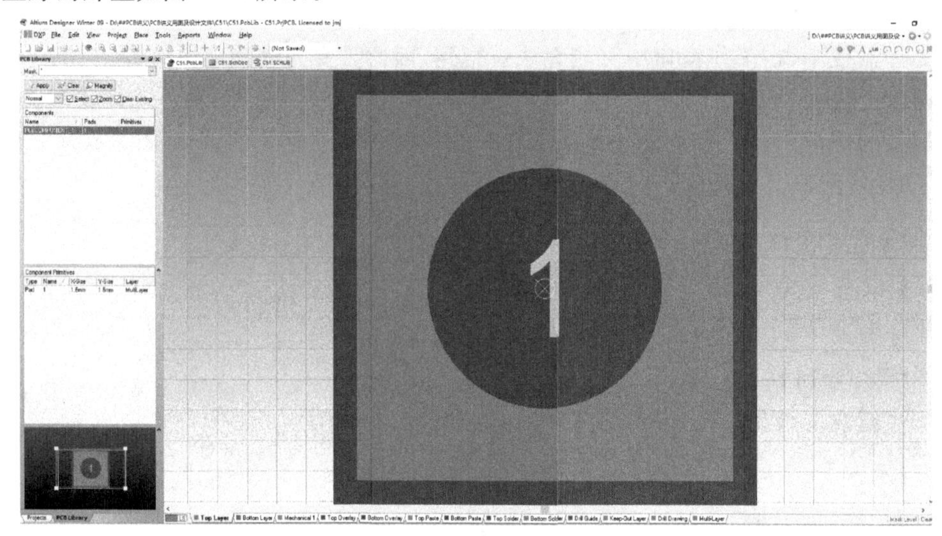

图 4-8 设置好的焊盘

按照同样的方法设计第二个焊盘,坐标位置设为“Y=0 mm,X=2. 54 mm”, Designator 设为“2”,Shape 设为“Round”。

4.3.4 绘制圆形轮廓

PCB 封装的轮廓用于标识元器件在 PCB 板上所占的空间大小,只要比元器件实物略大一些即可,对尺寸要求不需要非常精确。

1. 切换板层

单击工作窗口下部的板层控制栏上的“Top Overlay”标签,将工作界面切换到丝印层。

2. 设置工作窗口原点

执行菜单命令“Edit\Set Reference\Center”,工作窗口原点被定义在两个焊盘之间的中心点上,如图 4-9 所示。

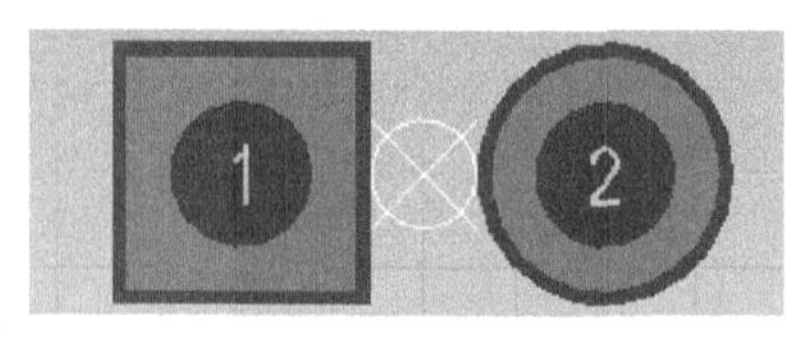

图 4-9 设置原点

3. 画圆

执行菜单命令“Place\Full Circle”,出现光标随鼠标移动。

第一步:鼠标左键单击坐标原点,确定圆心。

第二步:移动鼠标,圆形直径随之变化。

第三步:单击鼠标左键,确定圆形直径。

第四步:单击鼠标右键,完成画圆。

4. 修改轮廓属性

鼠标左键双击圆弧，打开“Arc”对话框，按照图 4-10 设置圆形的具体属性。

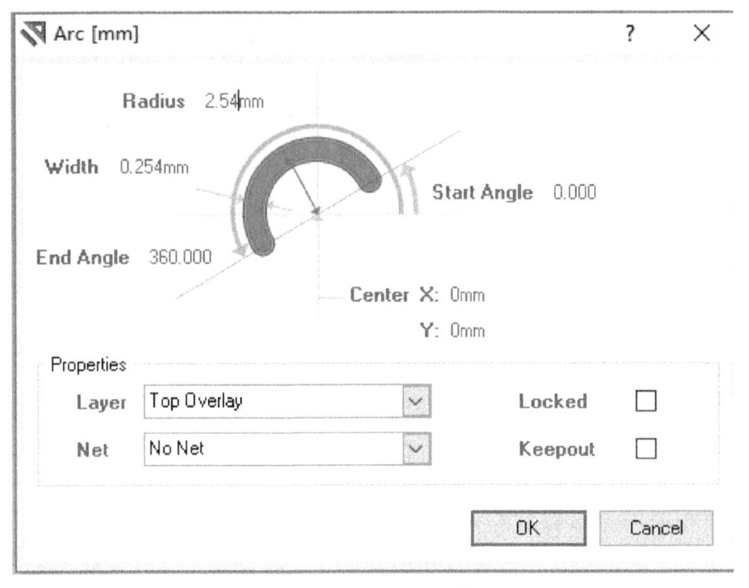

图 4-10　圆形的属性

5. 标识电容正极

电解电容有正负极之分，根据原理图中元件管脚 Designator 属性，确定 PCB 封装中焊盘 1 为正极，在 1 焊盘旁放置一个“+”，将其标识出来。

(1) 执行操作“Place/String”，启动放置文本命令。

(2)文本随鼠标移动时，单击 Tab 键，打开文本属性对话框，按照图 4-11 设置文本的内容和格式，并点击“OK”按钮关闭对话框。

(3)将鼠标移动到 1 焊盘旁，单击左键放置。

(4)单击右键结束。

注意：这个“+”主要用于标识封装正极，不具备电气意义。除了用文本命令外，也可以通过画线命令，画一个“+”图形。

至此，PCB 封装 RB.1/.2 就设计完成了，封装外形如图 4-12 所示。

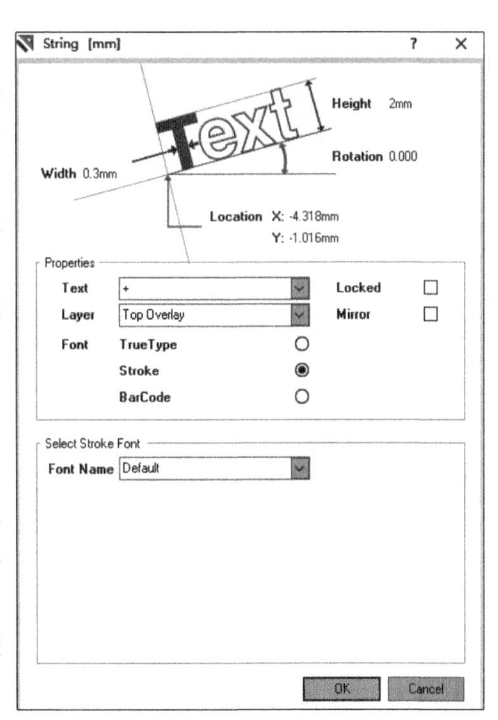

图 4-11　文本属性对话框

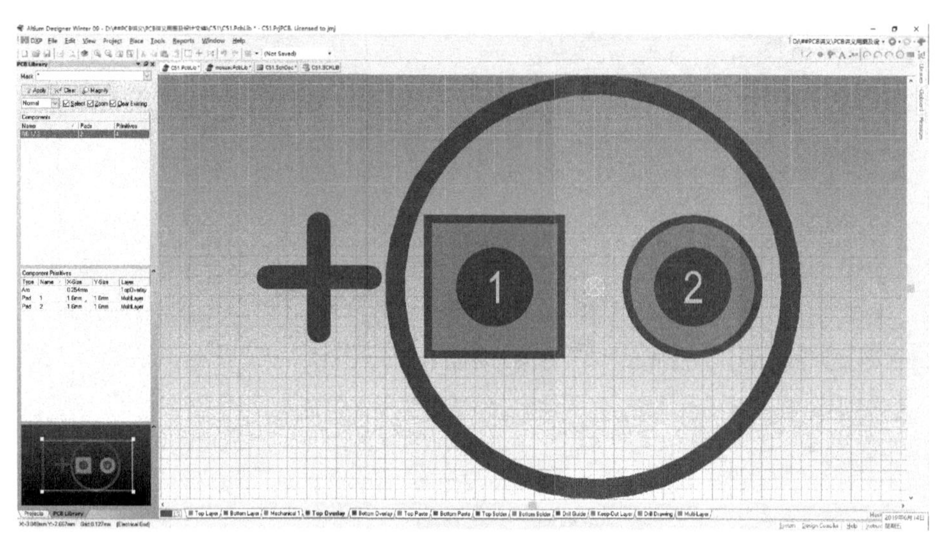

图 4-12 PCB 封装 RB.1/.2

用户可以按照相同的方法设计 C51 最小系统板所需要的 PCB 封装：LED-1、FUSE-2、XTAL-2 和 DIODE-3。这几个封装的外形如图 4-13 所示，各自参数见表 4-1。

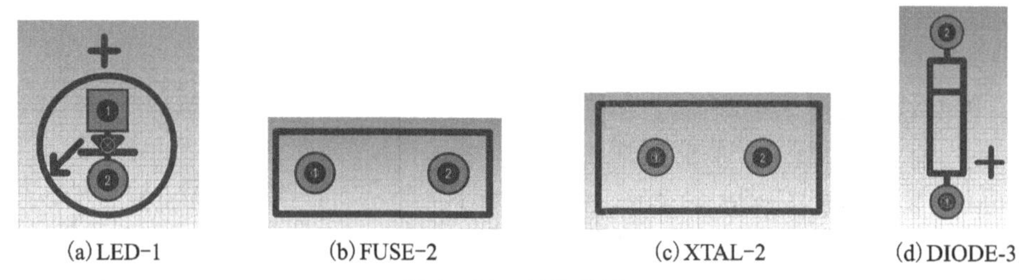

(a)LED-1　(b)FUSE-2　(c)XTAL-2　(d)DIODE-3

图 4-13 封装外形

表 4-1 封装参数列表

封装名	焊盘数	焊盘孔径/mm	焊盘面直径/mm	焊盘中心距/mm
LED-1	2	0.85	1.4	2.54
FUSE-2	2	0.85	1.4	5.08
XTAL-2	2	1	1.6	5.08
DIODE-3	2	0.85	1.4	7.62

4.4 由 PCB 文件获得封装

对于库里没有的封装，除了新建封装之外，还可以由设计完成的 PCB 文件获得。通常这些封装已经过焊接验证，更加可靠。本书以封装 RST 为例，详细介绍整个步骤。

4.4.1　由 PCB 生成封装库

1. 打开 PCB 文件

打开一个包含 RST 封装的 PCB 文件：IC_CARD_201612051. PCB，如图 4－14 所示。在左侧 PCB 面板中可以看到元件列表，列表中包含每个元件的封装，查看其中是否有自己需要的封装。

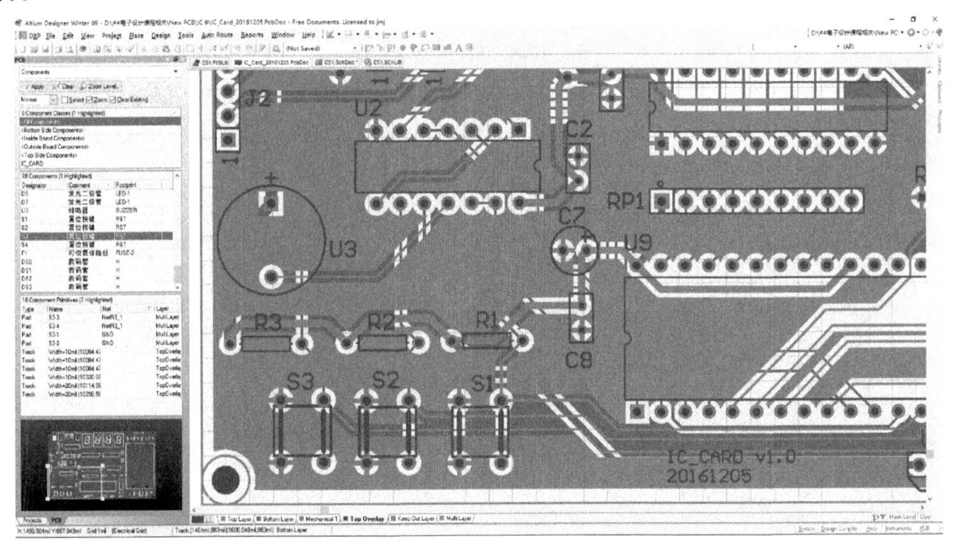

图 4－14　IC_CARD_201612051. PCB

2. 生成库文件

执行菜单命令"Design\Make PCB Library"，生成库文件 IC_CARD_201612051. PCBLib，保存库文件，如图 4－15 所示。

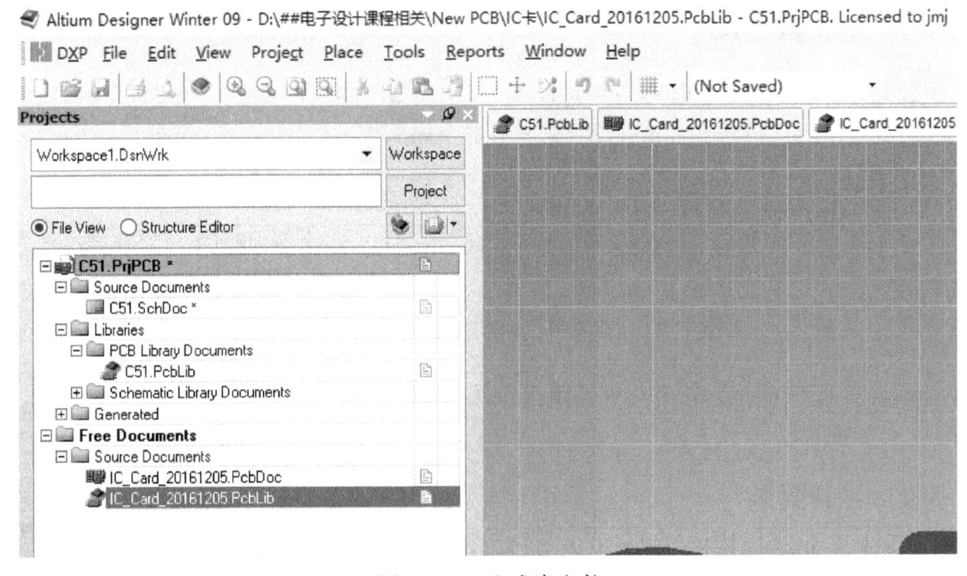

图 4－15　生成库文件

4.4.2　复制、粘贴封装

(1)面板窗口切换到 PCB Library 面板，鼠标左键选中封装列表中的 RST，单击右键弹出菜单，鼠标左键单击菜单中的“Copy”选项，如图 4－16(a)所示。

(2)工作窗口换到 C51. PCBLib 下，在 PCB Library 面板的封装列表中，右键单击任意封装弹出菜单，鼠标左键单击菜单中的“Paste 1 Components”选项，如图 4－16(b)所示。

(3)保存 C51. PCBLib 文件，保存后的文件如图 4－16(c)所示。

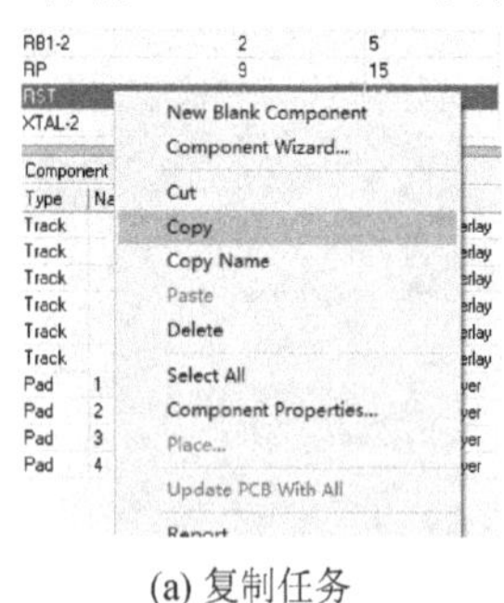

(a) 复制任务

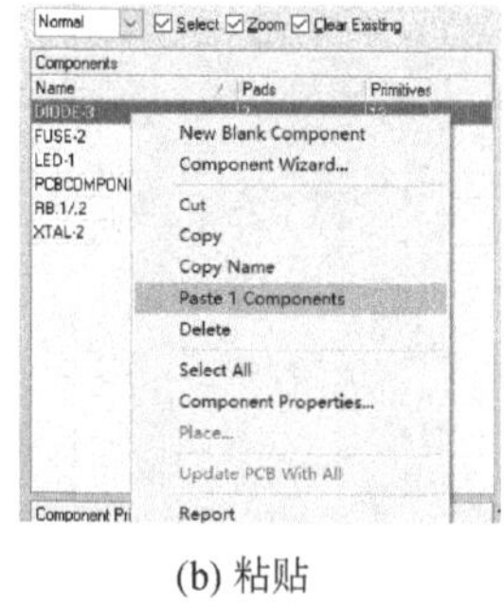

(b) 粘贴

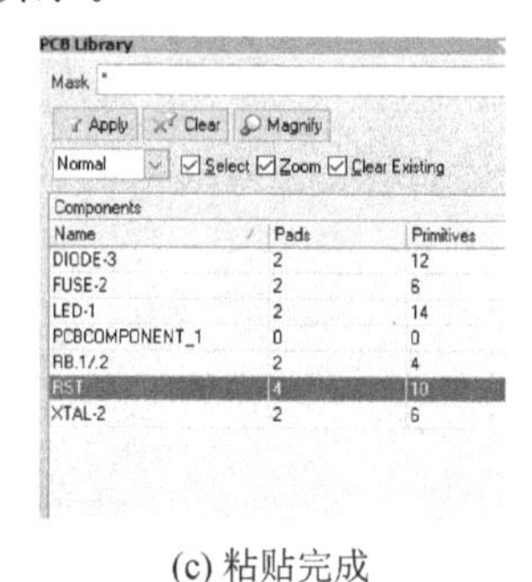

(c) 粘贴完成

图 4－16　复制、粘贴封装

至此，C51 最小系统板所需的 PCB 封装还剩余 RP，这个封装暂时先不管，等到第 5 章时，会通过另一种方法来设计该封装。

4.5　设计表贴元器件的封装

本书以 C51 最小系统板为例，涉及的元器件都是通孔元器件。但实际的电路中，表贴元器件的使用也非常广泛。

本节以常用的片式钽电容为例，介绍如何设计表贴元器件的封装。

4.5.1　确定封装尺寸

三星公司生产的片式钽电容 TCSCN0G335MAAR 的外形如图 4－17 所示，图中 $L=4.2\pm0.2$ mm ，$W_1=1.6\pm0.2$ mm，$Z=0.8\pm0.3$ mm，$W_2=1.2\pm0.1$ mm。

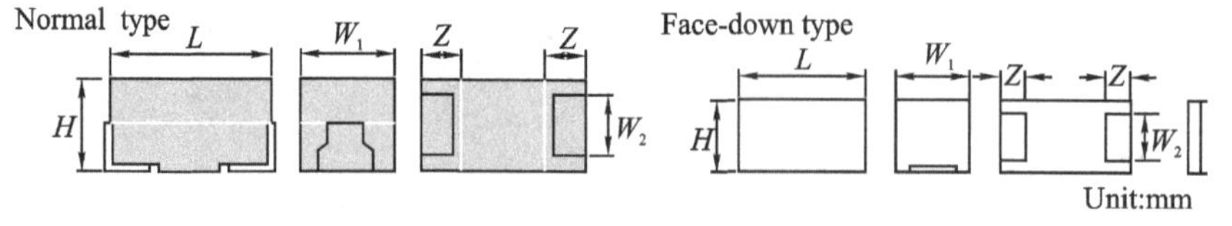

图 4－17　钽电容 TCSCN0G106MBAR 外形图

为保证焊接可靠，封装外形尺寸应比实物尺寸略大，如图 4－18 所示。

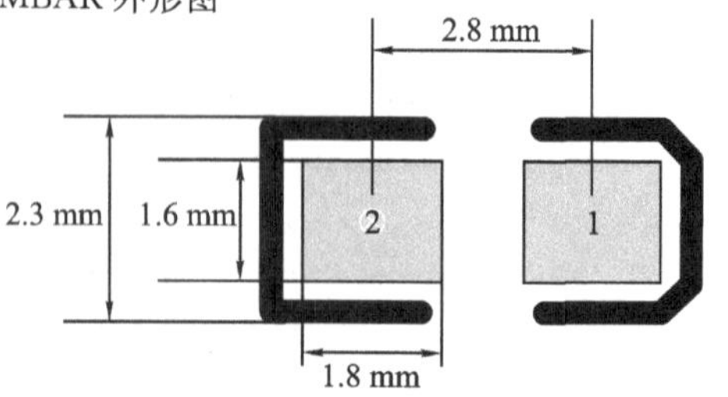

图 4－18　钽电容 PCB 封装尺寸图

4.5.2　设计封装

(1)在封装库里新增一个 PCB 封装，并将其命名为“3216”。

(2)按照 4.3.3 节介绍的方法放置焊盘,焊盘 1 的属性如图 4-19 所示。焊盘 2 与之类似,只是焊盘位号和位置不同。

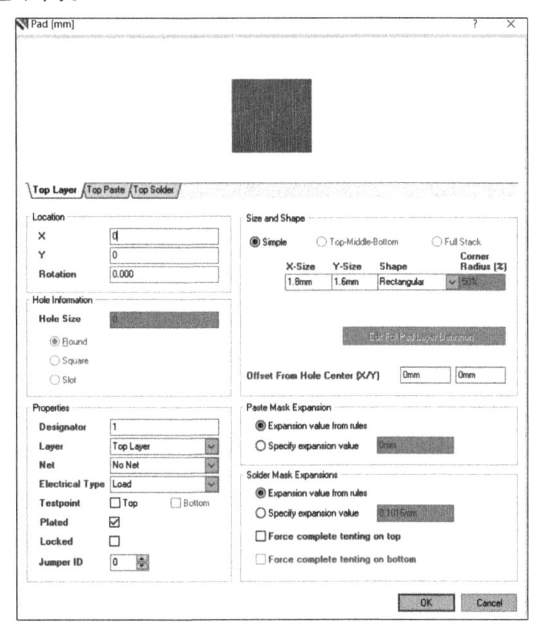

图 4-19　焊盘属性对话框

(3)使用“Place\Line”命令绘制轮廓。

①单击工作窗口下部的“Top Layer”标签,将工作界面切换到丝印层窗口。

②画线:执行菜单命令“Place\Line”,出现光标,随鼠标移动。

第一步:单击鼠标左键,确定线条起点。

第二步:移动鼠标,画出一条线。

第三步:单击鼠标左键,确定线条终点。

第四步:单击鼠标右键,完成这段线条。

第五步:单击鼠标右键,完成画线。

按照图 4-18 中尺寸绘制封装外形。

(4)标识钽电容正极。钽电容有正负极之分,根据原理图中元器件管脚 Designator 属性,确定 PCB 封装中焊盘 1 为正极,通过折线将其标识出来,完成的封装如图 4-18 所示。

至此,表贴元器件钽电容的封装就完成了。

4.6　使用“向导”设计封装

超大规模集成电路,如 CPU 等,管脚都在上百个,如果使用 4.3 节中介绍的方法设计 PCB 封装,花费的时间太多。

Altium 软件提供“封装向导”功能,便于用户设计集成电路的封装。本节以 SO-8 封装为例,介绍如何通过“向导”设计电路封装。

SO-8 的封装尺寸如图 4-20 所示,完成的 PCB 封装如图 4-21 所示。

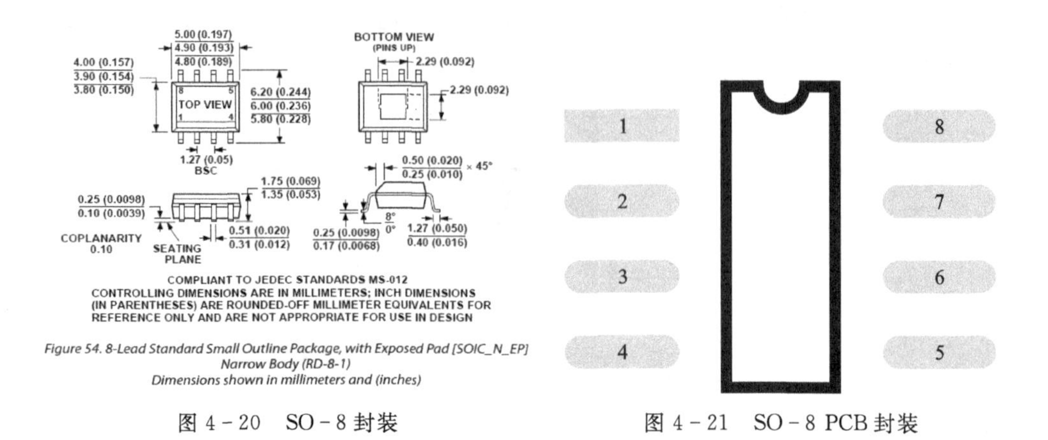

图 4-20　SO-8 封装　　　　图 4-21　SO-8 PCB 封装

1. 打开向导

打开保存好的库文件 lx. PcbLib，然后执行菜单命令“Tools\Component Wizard...”打开向导，如图 4-22 所示。

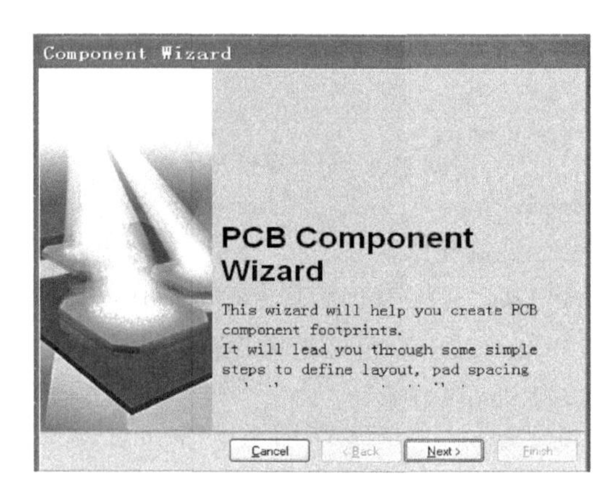

图 4-22　打开封装向导

2. 选择封装类型

点击“Next>”按钮，进入下一页，如图 4-23 所示。图中列出了常见的一些封装种类，选择“Small Outline Packages(SOP)”，尺寸单位选择“Metric(mm)”。

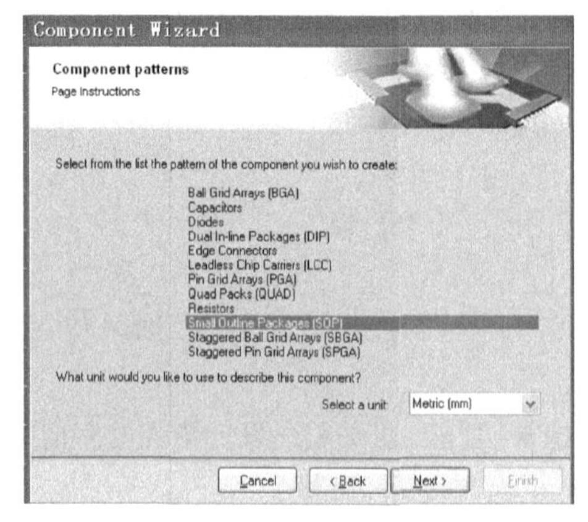

图 4-23　选择封装类型

3. 确定焊盘各项参数

在继续设计封装之前，应当先根据元器件手册计算焊盘各项参数。

SOP 类封装的参数主要有 3 项，分别是焊盘大小、焊盘列间距、焊盘行间距。有时候元器件手册中并不会直接给出这 3 项数据，需要用户自己根据手册来计算 PCB 封装参数。

第一步：获得元器件封装数据。

以 SO－8 封装为例，根据图 4－20 获得了元器件的封装数据，即表 4－2 中的前 5 项数据。

表 4－2　SO－8 元器件封装数据和 PCB 封装参数

元器件封装和 PCB 封装示意图	数据类型	数值/mm
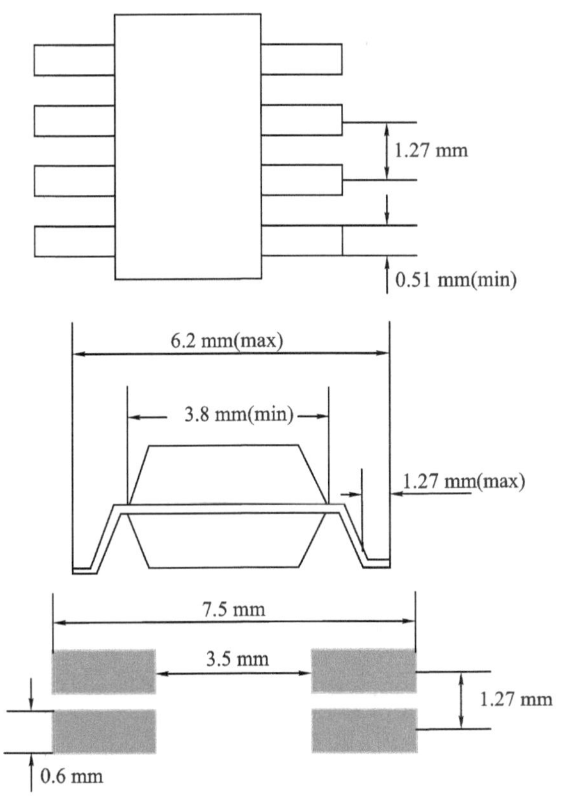 1.27 mm 0.51 mm(min) 6.2 mm(max) 3.8 mm(min) 1.27 mm(max) 7.5 mm 3.5 mm 1.27 mm 0.6 mm	管脚行间距	1.27
	管脚宽度(max)	0.51
	管脚焊接面长度(max)	1.27
	两列管脚外沿距离(max)	6.2
	元器件壳体宽度(min)	4.8
	焊盘行间距	1.27
	焊盘宽度	0.6
	焊盘长度	2
	两列焊盘外沿距离	7.5
	两列焊盘内沿距离	4.5
	焊盘列间距	5.5

第二步：确定焊盘行间距。

“焊盘行间距”等于“管脚行间距”，即等于 1.27 mm。

第三步：确定焊盘宽度。

“焊盘宽度”应适当比“管脚宽度”大一些，但不能过大，以免焊盘距离太近。因此焊盘宽度取 0.6 mm。

第四步：确定焊盘长度和焊盘列间距。

为保证焊盘能将元器件管脚完整包裹在内，通常 PCB 封装中“焊盘长度”应比“管脚焊接面长度”大 1 mm 左右。本例中“两列焊盘外沿距离”取 7.5 mm，“两列焊盘内沿距离”取 4.5 mm，换算出“焊盘长度”为 2 mm，焊盘列间距为 5.5 mm。

4. 设置焊盘的尺寸

点击“Next >”按钮，进入下一页，按照表 4－2 填写焊盘的长度和宽度数据，如图 4－24 所示。

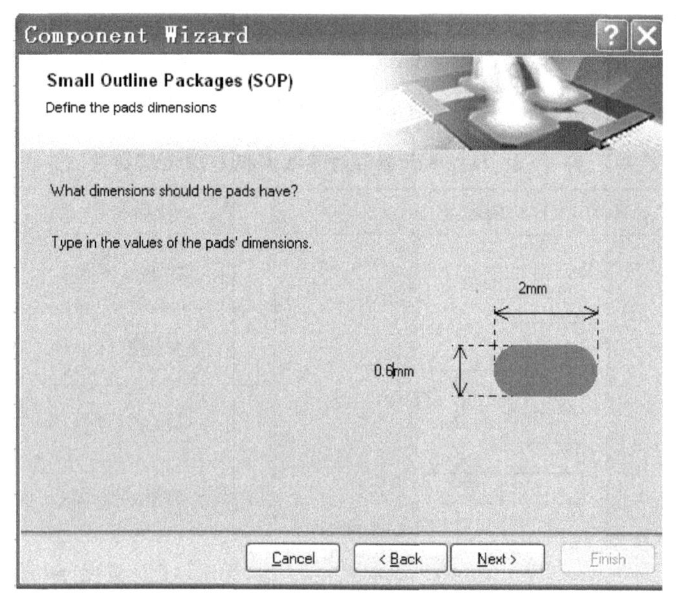

图 4－24　确定焊盘尺寸

5. 设置焊盘的中心距

点击“Next >”按钮，进入下一页，按照表 4－2 在相应位置填上数字，如图 4－25 所示。

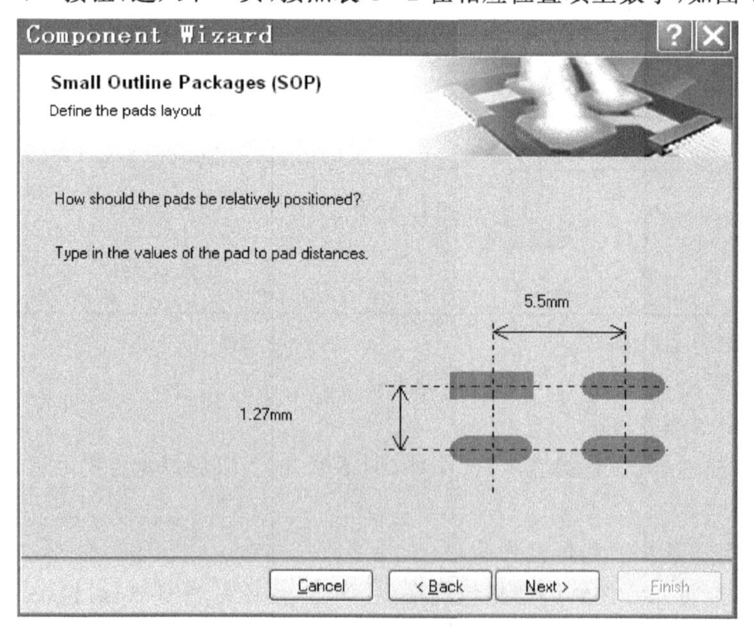

图 4－25　确定焊盘的中心距

6. 设置封装轮廓的线宽

点击“Next >”按钮，进入下一页，按图 4-26 填写线宽。此线宽不影响焊接，可自行定义，以方便查看为主。

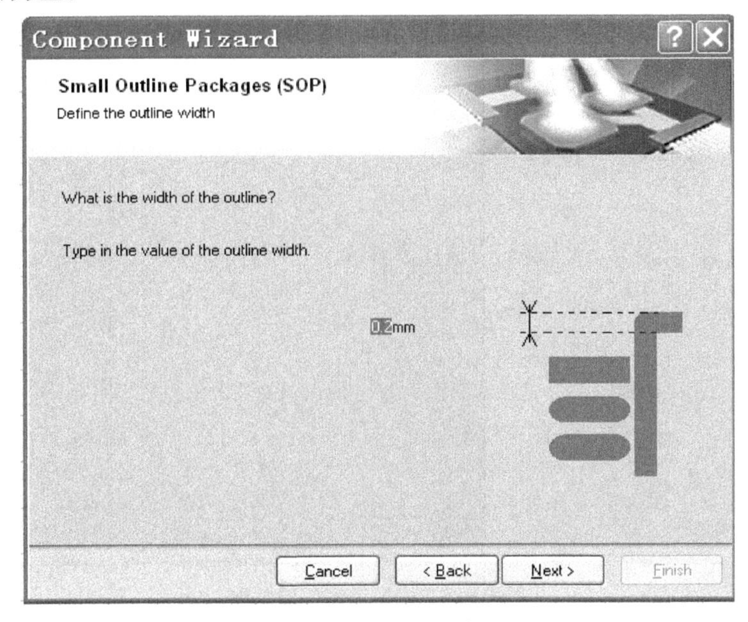

图 4-26　确定元器件轮廓的线宽

7. 设置管脚数目

点击“Next >”按钮，进入下一页，将封装的管脚数量设为“8”，如图 4-27 所示。

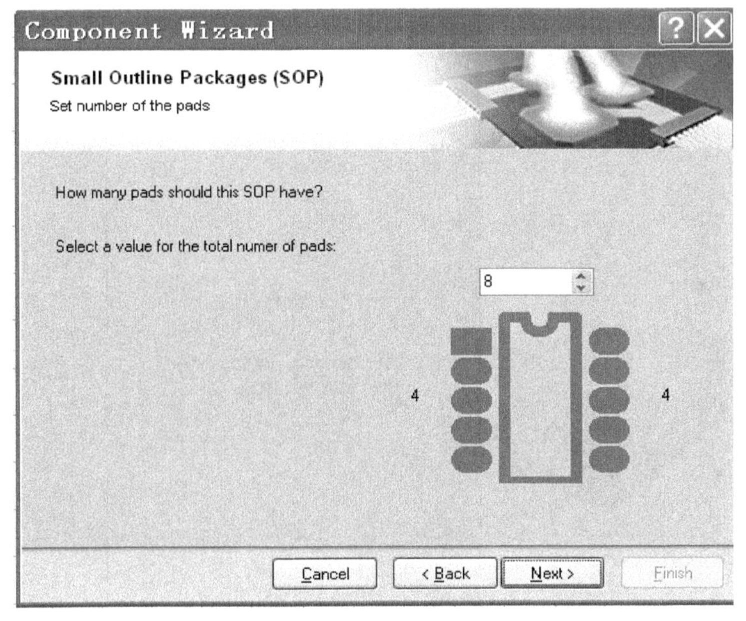

图 4-27　确定元器件的管脚数量

8. 命名

点击“Next>”按钮，进入下一页，在对话框内填入“SO-8”，如图 4－28 所示。

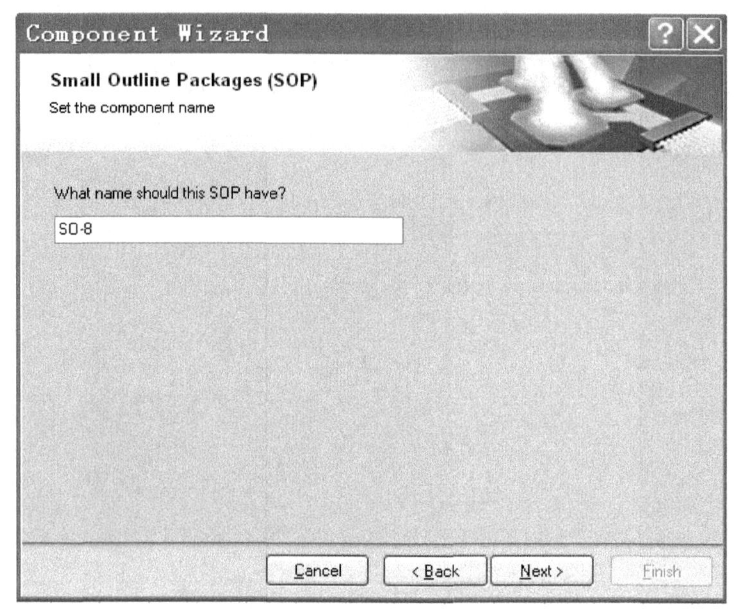

图 4－28 确定元器件的名称

9. 完成封装的建立

点击“Next>”按钮，进入下一页，如图 4－29 所示，对话框提示封装已完成，点击“Finish”按钮结束设置，工作区会出现已建立好的封装 SO－8，保存库文件。

图 4－29 封装已完成

第 5 章　PCB 设计基础

电路板设计分为两个阶段:原理图设计和 PCB 图设计。原理图用于描述电路板中元器件之间的逻辑关系,PCB 图是设计目标。本章将以 C51 最小系统板为例,详细介绍 PCB 图的设计流程和方法,适用于初学者。

5.1　新建 PCB 文件

1. 新建 PCB

打开工程文件 C51. PrjPCB,执行菜单命令“File\New\PCB”,如图 5－1 所示。

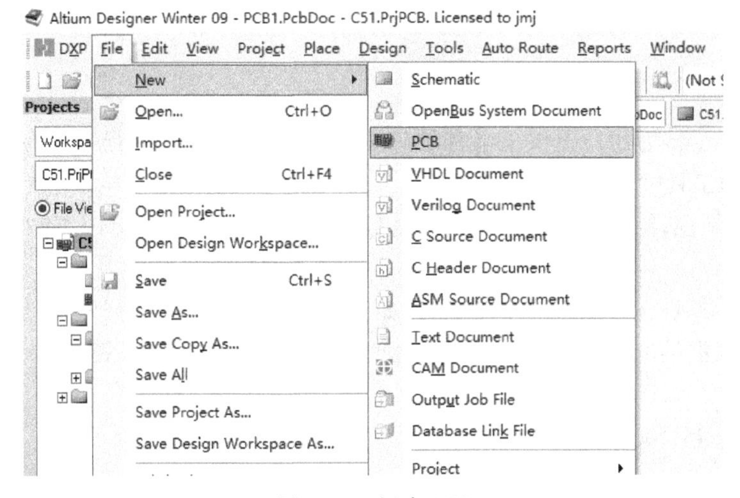

图 5－1　新建 PCB

2. 保存 PCB

执行菜单命令“File\Save”, 选择已建立的“C51”文件夹为路径,输入文件名称“C51. Pcb-Doc”,并点击“保存”。

5.2　PCB 界面介绍

保存好的 PCB 文件界面如图 5－2 所示。

5.2.1 菜单栏

对 PCB 的各种操作都可以通过菜单栏实现，如新建、保存、视图调整、元件编辑和选择等。

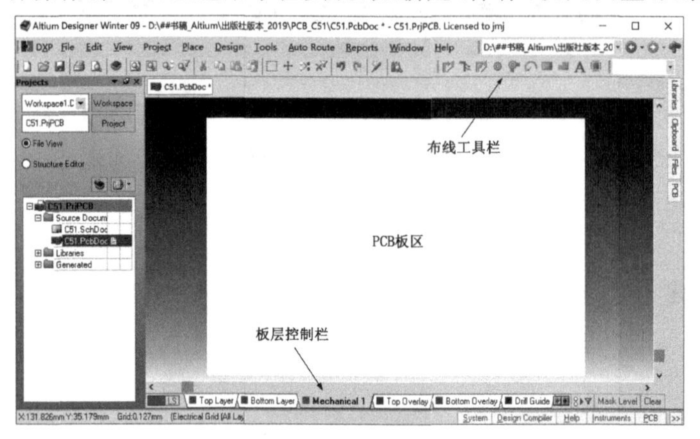

图 5-2 PCB 界面

5.2.2 工具栏

Altium Desinger 为用户提供了丰富的工具栏。用户可通过执行菜单命令“View\Toolbars”选择常用的工具栏显示在软件界面上。

对于初学者来说，绘制原理图时常用的是标准工具栏(PCB Standart)和布线工具栏(Wiring)。

标准工具栏：提供文件操作时常用工具，如打开文件、保存文件、打印、缩放、复制、粘贴等。

布线工具栏：提供电气布线时常用工具，如放置导线、焊盘、过孔、覆铜等。

5.3 PCB 板参数设置

执行菜单命令“Design\Board Options...”，屏幕上出现“Board Options”对话框，如图 5-3 所示。

通过该对话框，可以设置 PCB 板的尺寸单位、电气栅格等属性。以下对常用的几个选项进行说明，其余按照软件默认设置即可。

(1)Measurement Unit(尺寸单位)：可选择英制单位或公制单位，建议选择英制单位。

(2)Snap Grid(捕获栅格)：布线是以该栅格大小为基本单位进行的，一般选择“5 mil(约 0.127 mm)”，可根据具体情况设置。X 和 Y 代表的是 X 轴方向和 Y 轴方向。

(3)Component Grid(元件栅格)：移动元件是以该栅格大小为基本单位进行的，一般选择 20 mil(约 0.508 mm)，可根据具体情况设置。

(4)Electrical Grid(电气栅格)：如果勾选 Enable 复选框，PCB 布线时，软件会自动以 Range 中的值为半径，以光标所在位置为中心，向四周搜索电气节点，如果在搜索半径内有电气节点的话，就会自动将光标移到该节点上，建议勾选此项。

(5)Visible Grid(可视栅格)：形状可以设为 Lines 和 Dots 两种，一般设为 Lines；可以设定

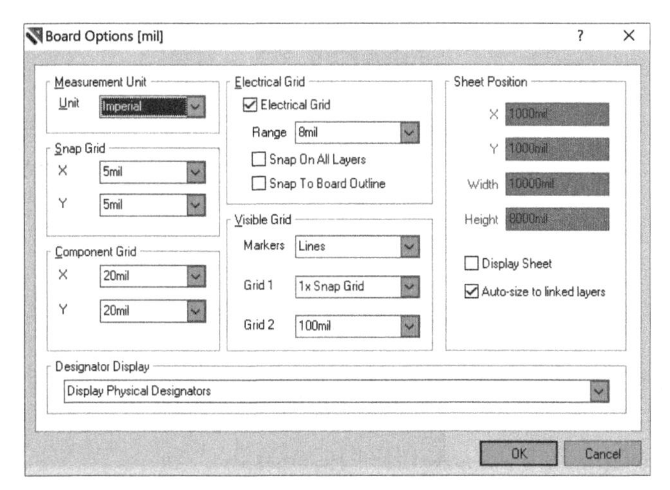

图 5-3　“Board Options”对话框

两个基本单位 Grid 1 和 Grid 2，建议 Grid 2 为 Grid 1 的整数倍。

(6)Sheet Position(图纸位置)：用于设置图纸的位置。Sheet(图纸)通常包围在 PCB 板周围，用于放置 PCB 的备注信息。本书不涉及这部分内容，选择默认设置即可。

设置完成之后，保存 PCB 文件。

PCB 板除基本参数外，还有很多其他属性需要规划，如板层、物理边界、布线规则等，这些属性一般根据 PCB 板上的元件数量和网络数量来设置。

因此，用户需要先将原理图网表导入 PCB 中，待确定元件数量、封装大小和网络数量后，再设置 PCB 板的其他属性。

5.4　导入原理图网表

PCB 板的核心元素有两个：元器件的 PCB 封装和导电金属。

在 PCB 中导入原理图网表，主要实现两个功能：

(1)把原理图中的“元件符号”转换成“PCB 封装”，并放入 PCB 图中。

(2)把“元件符号”间的电气连接转换成 PCB 封装之间的“网络关系”。

注意：

(1)原理图中的电气连接被软件解析为“网络关系”，并赋予 PCB 图。

(2)用户需要根据 PCB 图中的“网络关系”，用导线金属连接“PCB 封装”。

5.4.1　管理封装库

本书第 4 章中已经介绍过，PCB 封装都保存在封装库中。为保证原理图中的元件符号可以转换成正确的 PCB 封装，在导入原理图之前，应当先确保工程中已包含所需要的封装库。

1. 查看工程中的封装库文件

点击 Libraries 面板中“库类型”，按图 5-4 中选择勾选“Footprints”。

点击库列表下拉菜单，可以看到当前工程中的所有封装库文件，如图 5-5 所示。这些库文件可以分为两类。

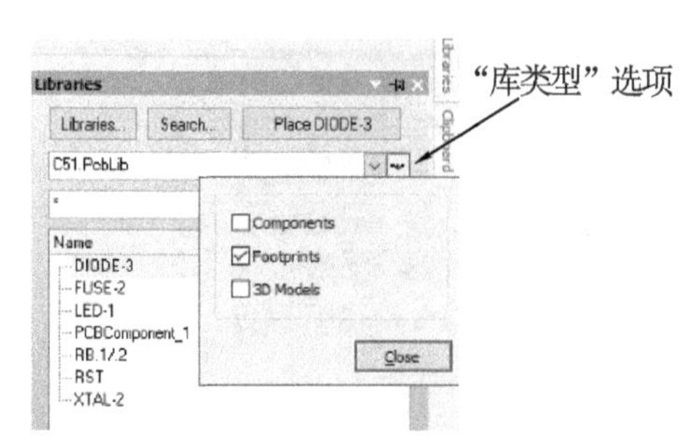

图 5-4　选择库类型

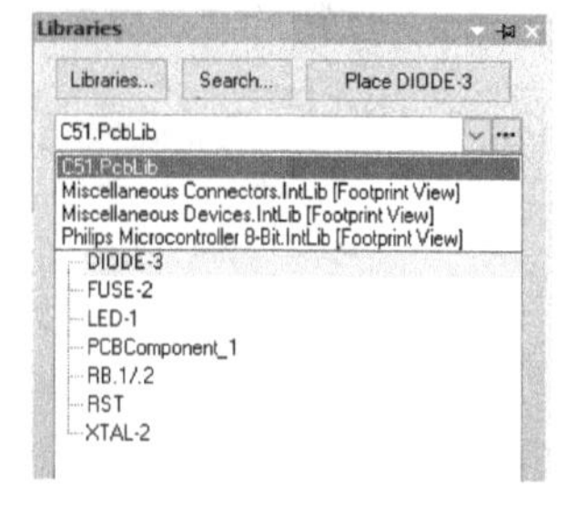

图 5-5　封装库

第一类:设计原理图时,用户手动添加到工程中的集成库文件,包括“Miscellaneous Devices. IntLib”和“Miscellaneous Connectors. IntLib”,以及搜索集成电路“89C52”时,软件添加到工程中的库文件“Philips Microcontroller 8-Bit. IntLib”。

第二类:用户自己设计的封装库文件 C51. PcbLib。

通过 Libraries 面板打开“Available Libraries”对话框,可以发现软件将第一类封装库归类在“Installed”选项卡下,将工程文件夹里的封装库归类在“Project”选项卡下。

注意:

(1)“Installed”选项卡下的封装库,用户只可以调用其中的封装。

(2)“Project”选项卡下的封装库,也就是工程文件夹里的封装库,用户既可以调用,也可以直接编辑其中封装的属性。

2. 添加封装库文件

(1)通过 Libraries 面板添加库文件。单击 Libraries 面板中的“Libraries...”按钮,打开“Available Libraries”对话框。

①选择“Installed”选项卡,点击对话框中“Install...”按钮,打开 Altium Designer Winter 09 安装目录里的 Library 文件夹,选择某个集成库文件,并点击“打开”。

通常,集成库都是在添加到“Installed”选项卡下,避免用户对集成库做出删改。

②选择“Project”选项卡,点击对话框中“Add Library...”按钮,打开当前工程所在的文件夹,选择某个封装库文件,并点击“打开”。

(2)通过 Projects 面板添加封装库。

①在 Projects 面板里,用鼠标右键点击工程文件 C51. PcbDoc,在下拉菜单中选择“Add Existing to Project...”,如图 5-6 所示。

②在弹出的对话框中,鼠标选中相应文件,再点击“打开”,文件就会被添加工程 C51. PrjPCB 中。

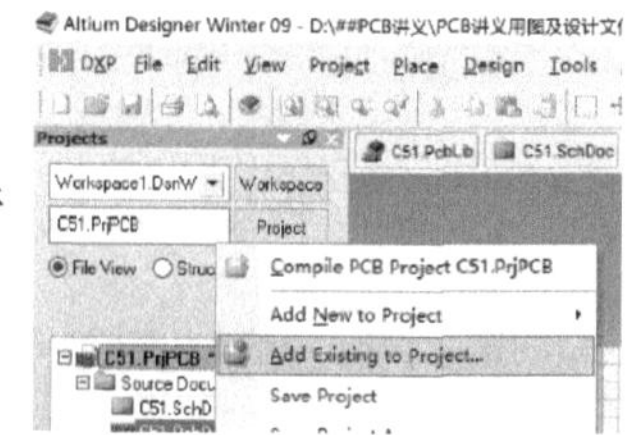

图 5-6　添加文件

3. 删除封装库文件

(1)通过 Libraries 面板删除库文件。

单击 Libraries 面板中“Libraries...”按钮,打开“Available Libraries”对话框。

选择“Installed”选项卡或“Project ”选项卡,选中某个库文件,点击对话框中的“Remove”按钮。

(2)通过 Projects 面板删除库文件。

在 Projects 面板里,用鼠标右键点击要删除的库文件,在下拉菜单中选择“Remove from

Project..."选项，再在弹出的对话框中选择"Yes"即可。

注意：所有库文件的管理由工程文件来完成。因此设计 PCB 时，必须先打开工程文件，再在工程文件下编辑 PCB。

5.4.2　导入原理图

1. 导入

在工程下打开 PCB 文件 C51. PcbDoc，执行菜单命令"Design\Import Changes From C51. PrjPCB"，出现"Engineering Change Order"对话框，如图 5-7 所示。

图中显示出要对 C51. PcbDoc 进行的操作，包括添加元件、添加网络等。

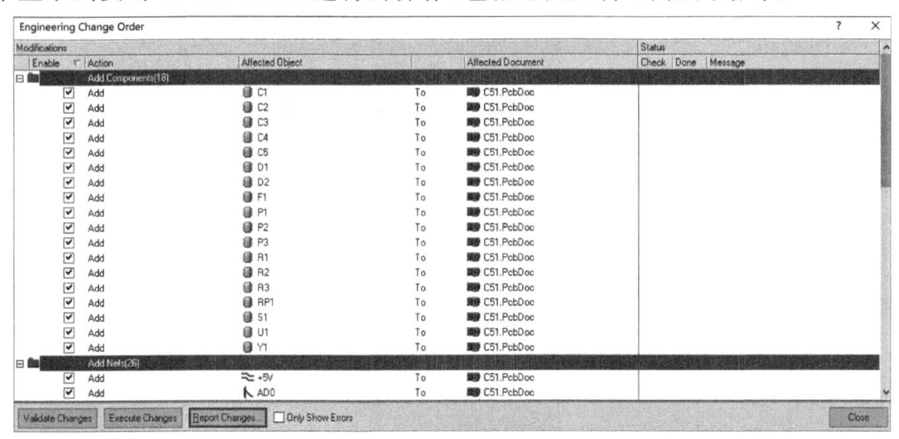

图 5-7　"Engineering Change Order"对话框

2. 查错

点击面板中"Validate Changes"按钮，执行查错功能。"Check"项显示是否有错，对的项目出现绿色的对勾，错误项目出现红色的叉，并提示错误信息，如图 5-8 所示。本例中存在错误：封装 RP 找不到。

Engineering Change Order

Enable	Action	Affected Object		Affected Document	Check	Done	Message
☑	Add	D2	To	C51.PcbDoc	✔		
☑	Add	F1	To	C51.PcbDoc	✔		
☑	Add	P1	To	C51.PcbDoc	✔		
☑	Add	P2	To	C51.PcbDoc	✔		
☑	Add	P3	To	C51.PcbDoc	✔		
☑	Add	R1	To	C51.PcbDoc	✔		
☑	Add	R2	To	C51.PcbDoc	✔		
☑	Add	R3	To	C51.PcbDoc	✔		
☑	Add	RP1	To	C51.PcbDoc	✘		Footprint Not Found RP
☑	Add	S1	To	C51.PcbDoc	✔		
☑	Add	U1	To	C51.PcbDoc	✔		
☑	Add	Y1	To	C51.PcbDoc	✔		
Add Nets(26)							
☑	Add	+5V	To	C51.PcbDoc	✔		
☑	Add	AD0	To	C51.PcbDoc	✔		
☑	Add	AD1	To	C51.PcbDoc	✔		
☑	Add	AD2	To	C51.PcbDoc	✔		
☑	Add	AD3	To	C51.PcbDoc	✔		
☑	Add	AD4	To	C51.PcbDoc	✔		
☑	Add	AD5	To	C51.PcbDoc	✔		
☑	Add	AD6	To	C51.PcbDoc	✔		
☑	Add	AD7	To	C51.PcbDoc	✔		

Validate Changes　Execute Changes　Report Changes...　☐ Only Show Errors　Close

图 5-8　查错

对于出现的错误，用户可选择先去修正这个错误，再重新导入；也可以选择忽视这个错误，继续导入,等到后期再去修正。本例选择忽视错误。

3. 执行导入

点击“Execute Changes”按钮,执行“导入”操作,如图 5-9 所示,点击“Close”按钮结束。

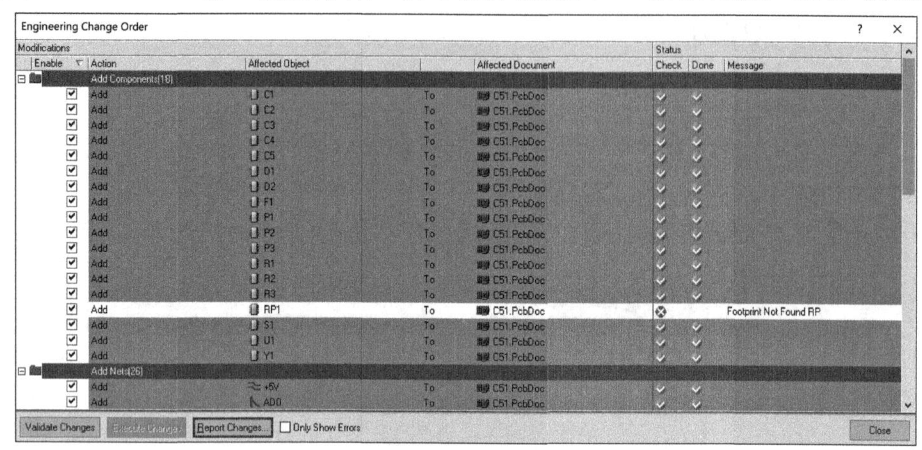

图 5-9 执行导入

4. 导入完成

PCB 文件中已加载了所有封装正确的元件和网络,如图 5-10 所示。保存 PCB 文件。

注意:大家是否记得第 3 章中,D2 选用的封装 LED-1 和软件自带的封装重名,但 PCB 导入原理图时,并没有选用这个封装,而是选用了 C51.PcbLib 库中的 LED-1 封装。

这是因为在不指明封装库路径时,软件会优先从当前工程中 Libraries 文件夹的封装库文件里调用同名的封装。

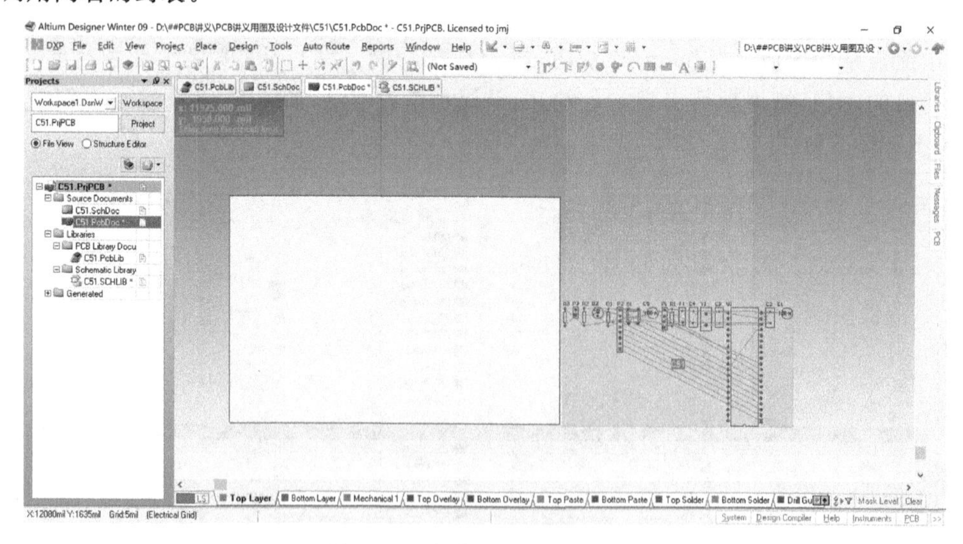

图 5-10 加载原理图后的 PCB

5.4.3 修改标准库中的封装并使用

除元件 RP1 外,PCB 板 C51.PcbDoc 已按照原理图 C51.SchDoc 的网表关系自动导入所有元件和网络。

已知元件 RP1 的 PCB 封装“RP”和 Miscellaneous Connectors. IntLib 中的封装“HDR1X9”很像，我们希望可以由“HDR1X9”获得“RP”，又不会影响 Miscellaneous Connectors. IntLib 文件本身。本小节将介绍具体方法。

1. 在 PCB 中放入封装“HDR1X9”

打开 Libraries 面板，点击库列表下拉键，选中库文件“Miscellaneous Connectors. IntLib”，选中封装列表里的“HDR1X9”，用鼠标将其拖入 PCB 文件中。

这个封装进入 PCB 后，会被软件自动定义为一个没有网络，位号为“Designator x”(x 是数字，由软件随机分配)的元件，如图 5-11 所示。

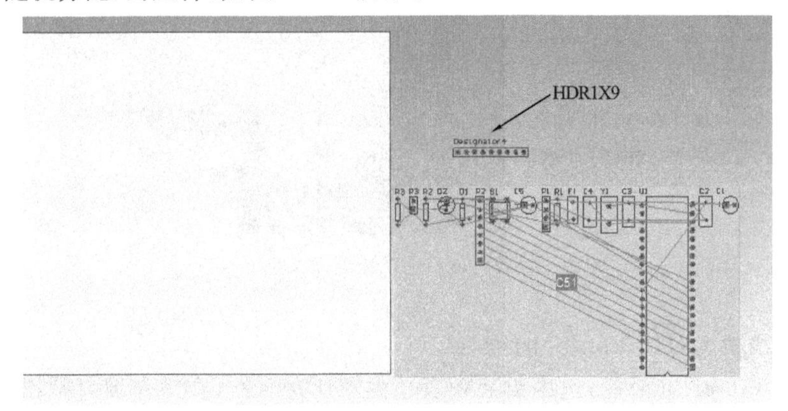

图 5-11　放入 HDR1X9

2. 定义位号

双击元件的位号“Designator x”，弹出“Designator”对话框，在对话框中将 Text 属性修改为“RP1”，如图 5-12 所示。

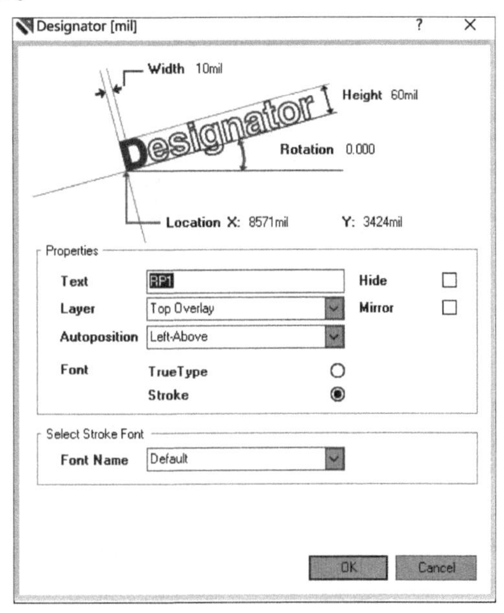

图 5-12　“Designator”对话框

3. 由 PCB 生成封装库文件

执行菜单命令“Design\Make PCB Library”，软件会根据“C51. PcbDoc”文件生成一个新的封装库文件——C511. PcbLib，保存该文件。

如图 5－13 所示，新生成的库文件会被软件自动归类为自由文件。

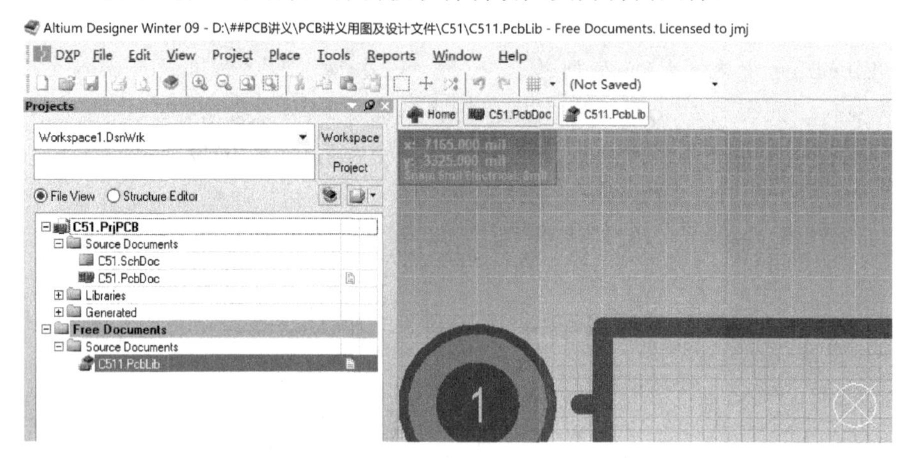

图 5－13 生成新的库文件

4. 编辑库文件 C511. PcbLib 中的封装

打开 PCB Libraries 面板，选中封装列表中的“HDR1X9”，在工作窗口编辑该封装——在 Top Overlay 层为焊盘 1 增加标识。编辑前后的封装如图 5－14 所示。

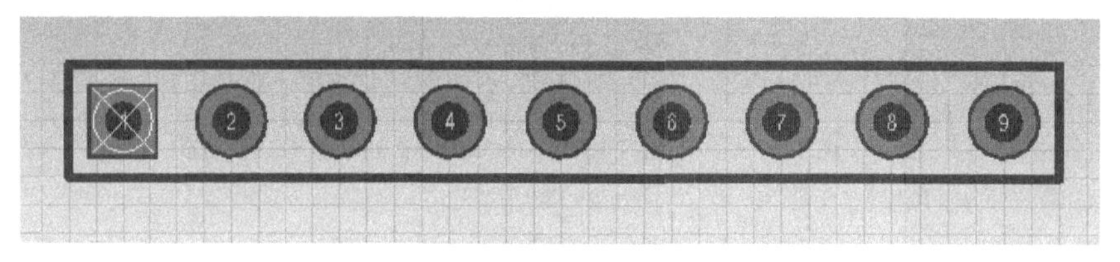

(a) HDR1X9封装修改前

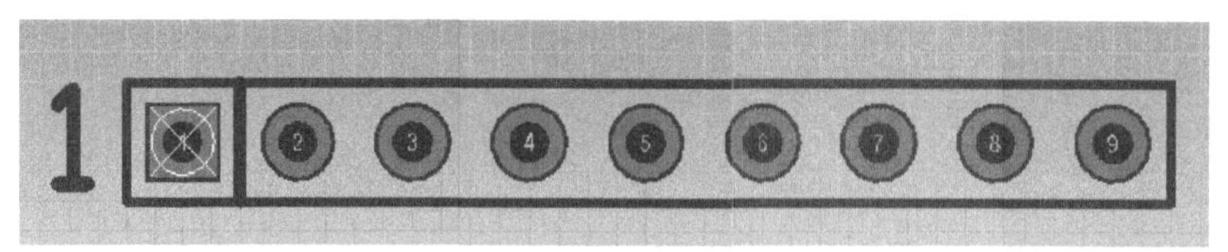

(b) HDR1X9封装修改后

图 5－14

5. 修改名称

通过 PCB Libraries 面板，将修改后的封装命名为“RP”。

6. 复制封装

通过 PCB Libraries 面板，将封装“RP”复制到库文件 C51. PcbLib 中，并保存 C51. PcbLib。

至此，C51 板上所有元件的 PCB 封装设计完成。

5.4.4 第二次导入原理图

在工程下打开 PCB 文件 C51. PcbDoc，执行菜单命令“Design\Import Changes From C51. PrjPCB”，出现提示对话框，如图 5－15 所示。

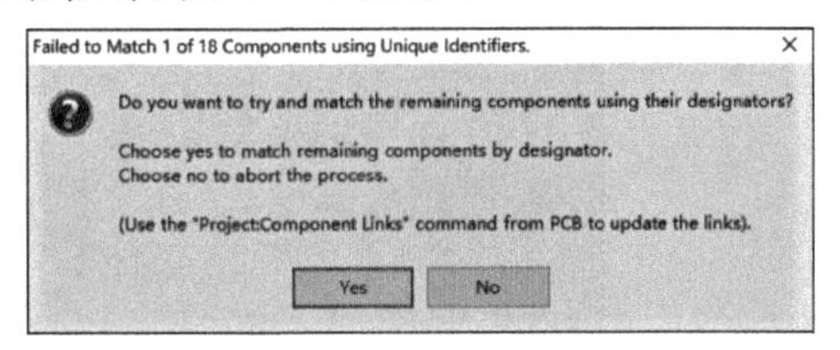

图 5－15 提示对话框

点击“Yes”，出现“Engineering Change Order”对话框，如图 5－16 所示。

Engineering Change Order

Enable	Action	Affected Object		Affected Document	Check	Done	Message
	Change Component Footprints(1)						
☑	Modify	HDR1X9 -> RP [RP1]	In	C51.PcbDoc			
	Change Component Comments(1)						
☑	Modify	Comment -> 4.7K*8	In	C51.PcbDoc			
	Add Pins To Nets(8)						
☑	Add	RP1-1 to VCC	In	C51.PcbDoc			
☑	Add	RP1-2 to AD0	In	C51.PcbDoc			
☑	Add	RP1-3 to AD1	In	C51.PcbDoc			
☑	Add	RP1-4 to AD2	In	C51.PcbDoc			
☑	Add	RP1-5 to AD3	In	C51.PcbDoc			
☑	Add	RP1-6 to AD4	In	C51.PcbDoc			
☑	Add	RP1-7 to AD5	In	C51.PcbDoc			
☑	Add	RP1-8 to AD6	In	C51.PcbDoc			
	Add Component Class Members(1)						
☑	Add	RP1 to C51	In	C51.PcbDoc			

Validate Changes　Execute Changes　Report Changes...　☐ Only Show Errors　Close

图 5－16 “Engineering Change Order”对话框

按照 5.6.2 中的步骤先查错，再执行，然后关闭对话框，完成后的 PCB 如图 5－17 所示。至此，C51. SchDoc 的所有元件和网络关系都成功导入 PCB 中。

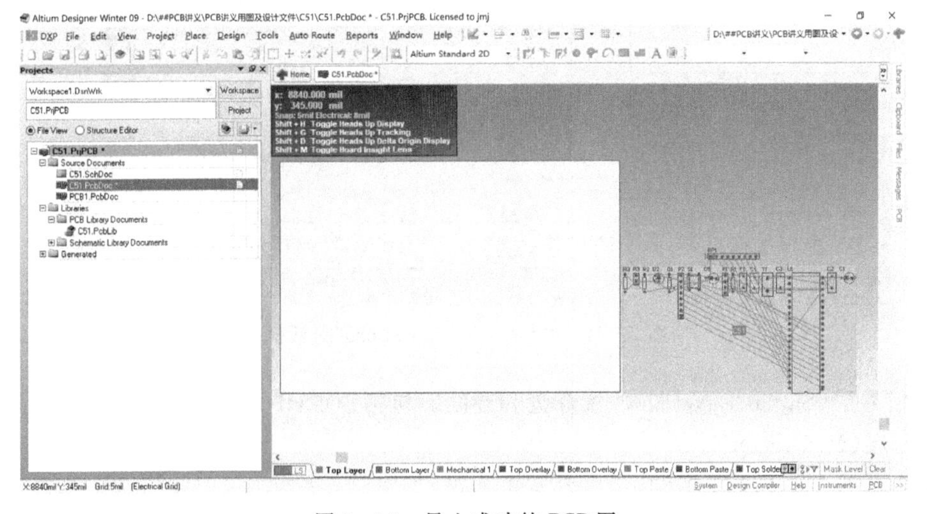

图 5－17 导入成功的 PCB 图

5.5 规划 PCB 板

原理图导入后，用户需要根据电路板的设计要求、元件数量、网络数量等，规划电路板的尺寸、外形、板层以及图纸属性等。

5.5.1 板层

1. 板层定义

在第 1 章中介绍过，PCB 根据层数不同可以分为好几类，这个层数是指的导电层，或者说是电气层。除了电气层之外，一个完整的电路板还有一些其他重要特性，如电路板尺寸、电路板上元件外形轮廓、电路板表层哪些地方需要刷绿油等。为了便于设计和生产 PCB，电路板制造行业将这些特性统一定义为 PCB 文件的板层。

打开 PCB 文件，执行菜单命令“Design\Board Layers & Colors...”，打开“View Configurations”对话框，如图 5-18 所示。该对话框显示了当前 PCB 文件的所有板层及其属性。下面按照分类对其一一介绍。

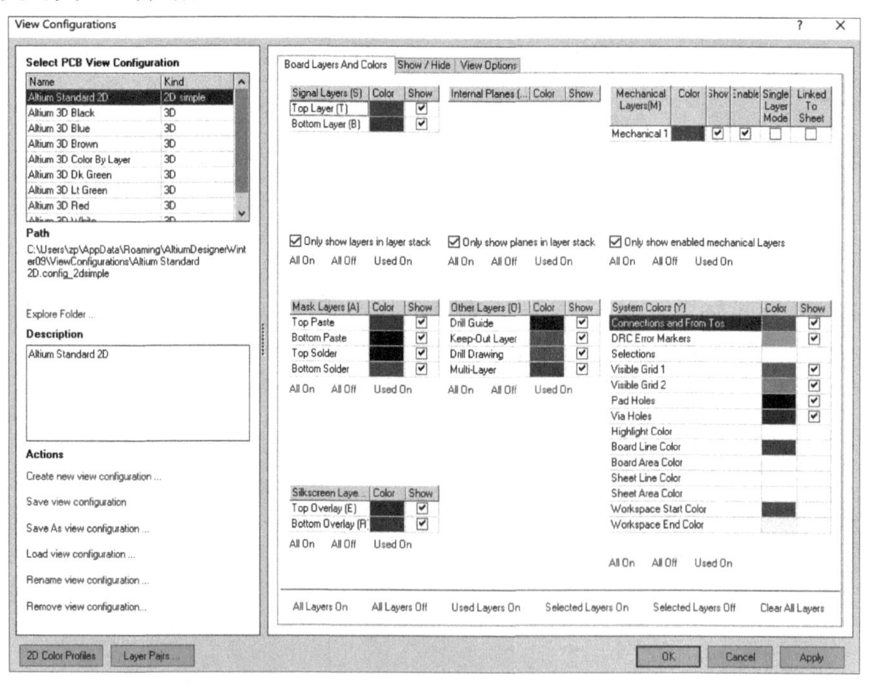

图 5-18 “View Configurations”对话框

(1)信号层(Signal Layers)：放置焊盘和导线。包括顶层(Top Layer)、底层(Bottom Layer)和中间层(Mid Layer)。

注意：软件默认新建的 PCB 文件没有中间层。

(2)内部电源层(Internal Planes)：有网络定义的铜面，一般其网络定义为电源或地。简称为内电层。

注意：软件默认新建的 PCB 文件没有内部电源层。

信号层和内电层上的焊盘、导线以及铜面都可以定义网络，是具有电气意义的，统称为电气层。

(3)机械层(Mechanical Layers)：定义电路板和板上元件的物理外形尺寸。

(4)防护层(Mask Layers)：定义电路板上不希望镀焊锡的地方，包括阻焊(Solder)层和锡膏(Paste)层。

阻焊层用于定义电路板上涂绿油的区域，软件默认除过孔和焊盘(表贴焊盘、孔焊盘)外其他地方都涂绿油。锡膏(Paste)层用于制作钢膜漏网。

(5)丝印层(Silk Screen Layers)：用于放置电路板上元件的位号和其他信息标识。

(6)其他层(Other Layers)：辅助使用。

2. "View Configurations"对话框

在 PCB 界面下，在键盘按下"L"键即可打开"View Configurations"对话框，如图 5-18 所示。"View Configurations"对话框右侧有 3 个选项卡，前两项较为常用。

(1) "Board Layers and Colors"选项卡。该选项卡定义了板层的颜色、是否显示等属性。用户在使用时注意以下几点：

①"Show"属性只能决定该板层是否在 PCB 界面"显示"，不显示的板层依然是存在的，在该板层上定义的 PCB 属性依然有效。

②Altium 软件默认 Board Shape 的颜色为"黑色"。本章为保证截图清晰，将 Board Shape 调整为白色。

(2)"Show/Hide"选项卡。该选项卡定义了各类电气组件的显示属性，常用于隐藏"覆铜"。选择"Hidden"属性，只代表该类电气组件在 PCB 编辑界面"隐藏"，但依然是存在的。

3. 板层控制栏

这么多板层出现在同一个 PCB 文件中，如何明确用户当前是在哪一个板层上操作呢？

Altium 软件在 PCB 设计界面增加了一个新的工具——板层控制栏。

鼠标点击控制栏上的某个板层标签，如"Top Layer"，使其颜色变深，如图 5-19 所示，那么当前的所有操作，如布线、放置焊盘就都在"Top Layer"上进行。

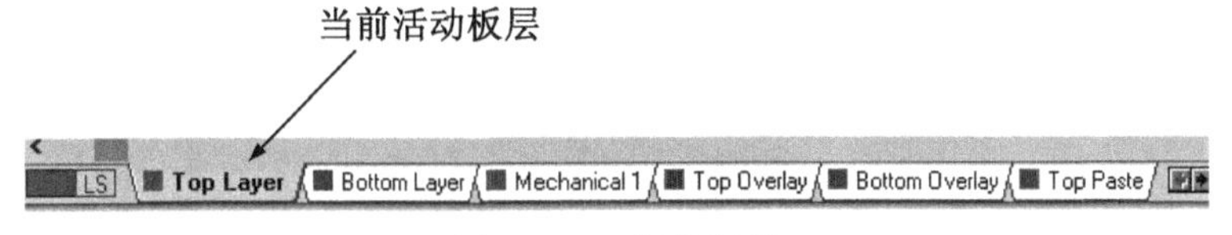

图 5-19 切换板层

4. 规划电气层

新建的 PCB 文件默认为两层板，即电气层只有"Top Layer"和"Bottom Layer"。对于大部分简单的电路板，两个板层已足够布线，如本书中的 C51. PcbDoc。

如果电路板上元件和网络很多时，就要根据实际需要增加电气层，并设置叠层顺序。这些都可以通过叠层编辑窗口进行。本小节介绍几个常用的操作。

(1)打开叠层编辑窗口。

执行菜单命令"Design\Layer Stack Manager..."，打开叠层编辑窗口，如图 5-20 所示。

由图可以看到，默认的情况下，电路板包括两个信号层 Top Layer 和 Bottom Layer，两个层中间为绝缘材料。

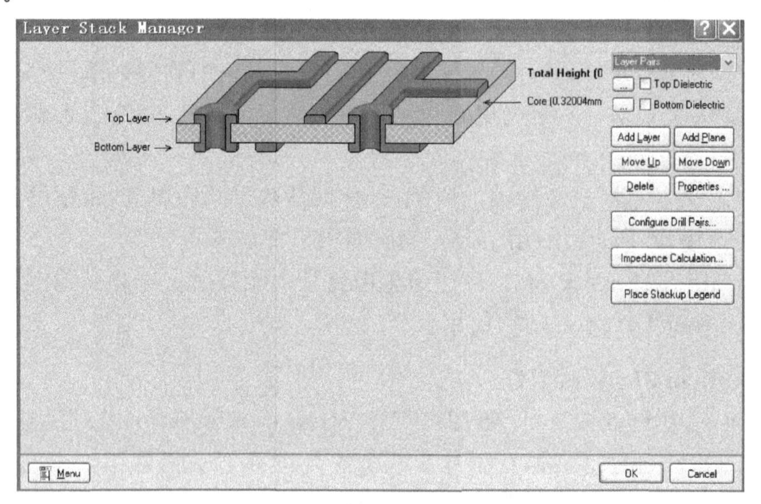

图 5-20 叠层编辑窗口

(2)增加信号层。

选中“Top Layer”，点击“Add Layer”，会在 Top Layer 和 Bottom Layer 之间增加 MidLayer1，如图 5-21 所示。

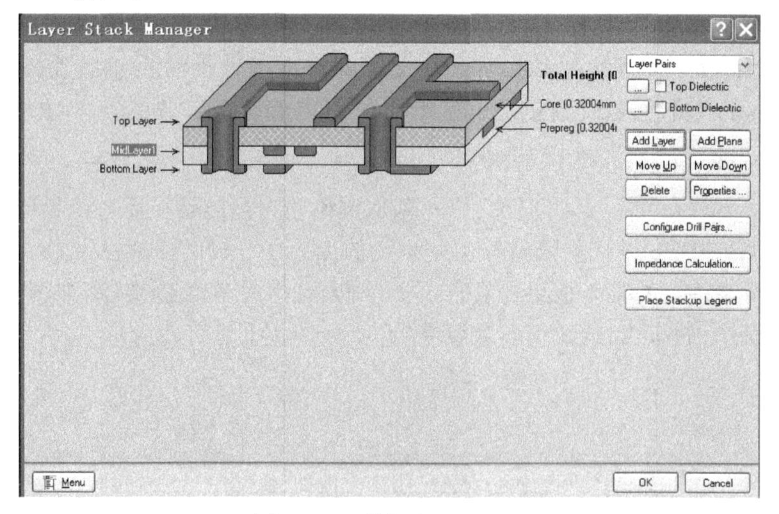

图 5-21 增加 MidLayer1

(3)增加内电层。

①增加层。选中“Top Layer”，点击“Add Plane”，会在“Top Layer”和“Bottom Layer”之间增加“InternalPlane1”，如图 5-22 所示。

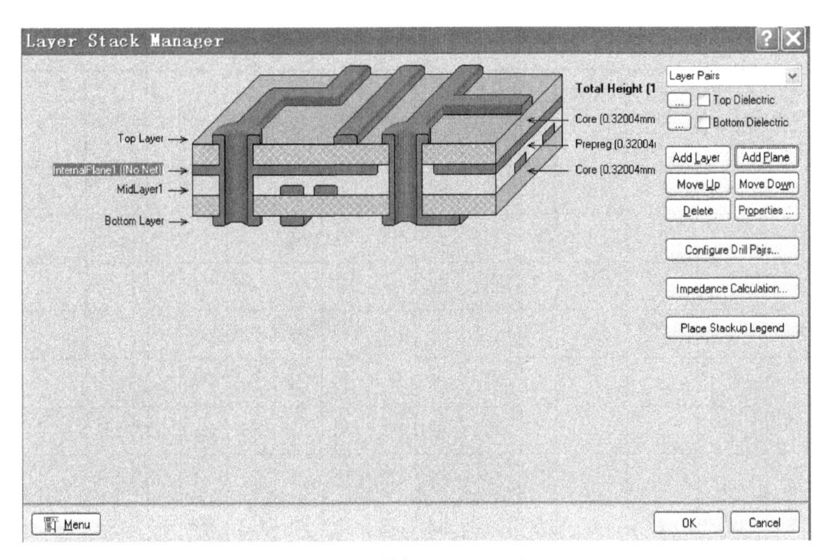

图 5－22　增加 InternalPlane1

②定义网络和名称。双击“InternalPlane1”按钮，出现属性对话框，如图 5－23 所示，在其中填入名称(Name)，定义网络(Net name)，其他按照默认设置即可。

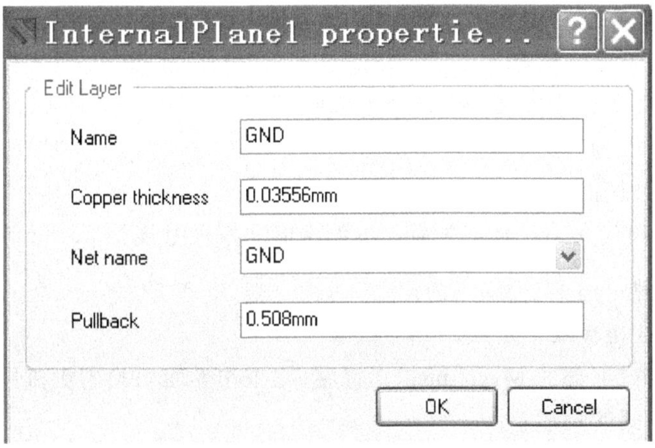

InternalPlane1 propertie...
Edit Layer
Name　GND
Copper thickness　0.03556mm
Net name　GND
Pullback　0.508mm
OK　Cancel

图 5－23　“InternalPlane1”属性对话框

(4)删除多余的层。

①删除信号层：左键点击选中需要删除的层，然后点击“Delete”按钮。

②删除内电层：左键点击选中需要删除的层，然后点击“Delete”按钮，会出现提示框，选择“Yes”即可。

对于复杂的 PCB 来说，往往需要好几个信号层和内电层，常见的 PCB 叠层顺序如表 5－1 所示。其中 S 代表信号层，P 代表电源层，G 代表地层。

表 5-1　PCB 常用叠层顺序

层数	电源	地	信号	1	2	3	4	5	6	7	8	9	10	11	12
4	1	1	2	S1	G1	P1	S2								
6	1	2	3	S1	G1	S2	P1	G2	S3						
6	1	1	4	S1	G1	S2	S3	P1	S4						
8	1	3	4	S1	G1	S2	G2	P1	S3	G3	S4				
8	2	2	4	S1	G1	S2	P1	G2	S3	P2	S4				
10	2	3	5	S1	G1	P1	S2	S3	G2	S4	P2	G3	S5		
10	1	3	6	S1	G1	S2	S3	G2	P1	S4	S5	G3	S6		
12	1	5	6	S1	G1	S2	G2	S3	G3	P1	S4	G4	S5	G5	S6
12	2	4	6	S1	G1	S2	G2	S3	P1	G3	S4	P2	S5	G4	S6

5.5.2　物理边界

1. 物理边界设定原则

物理边界是指电路板的物理尺寸和形状，如果没有特殊设计要求，一般根据 PCB 板的元件多少来决定，并遵循以下原则：

(1) 按照公制尺寸定义，以毫米(mm)为单位。

(2)长度和宽度设为 5 的倍数，便于厂家生产。

(3)在能摆放下所有元件的基础上，尽可能小。

PCB 板的价格和其大小有直接关系。本例将电路板尺寸设为 75 mm×45 mm。

2. 绘制物理边界

物理边界一般在机械层上定义。

(1)单击工作窗口下部的 Mechanical 1 标签，将工作界面切换到机械层窗口。

(2)绘制一个封闭的矩形：

①执行菜单命令“Place\Line”，然后点击 Tab 键设置线宽为“10 mil”(约 0.254 mm)，如图 5-24所示。

②拖动鼠标画一条垂直的线，如图 5-25 所示。

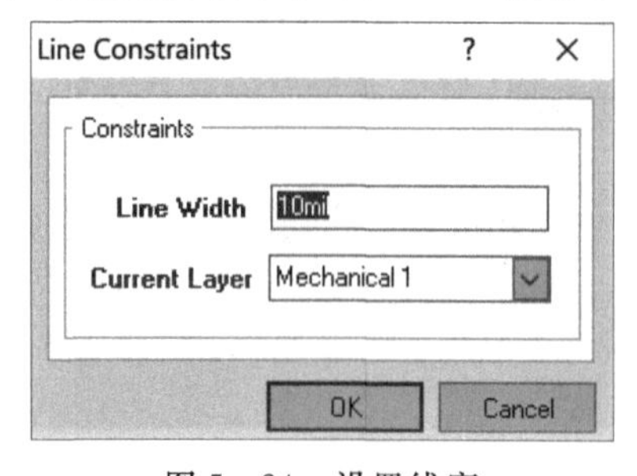

图 5-24　设置线宽

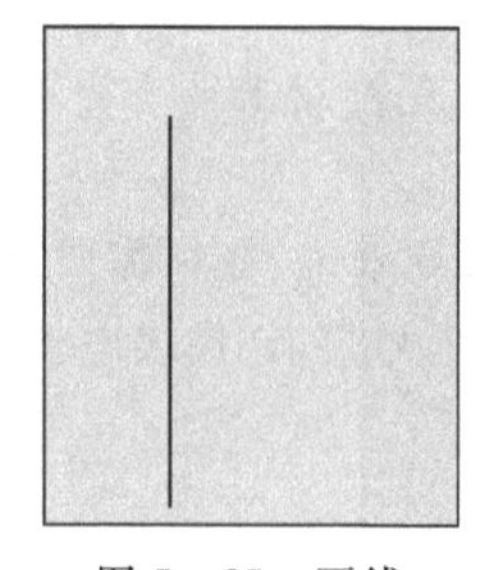

图 5-25　画线

③这条线的底部设为图纸的坐标零点：

执行菜单命令“Edit\Origin\Set”，将十字光标移动到线的底部，光标中间出现圆圈，如图5-26所示，点击鼠标左键确定，设置完成后如图5-27所示。

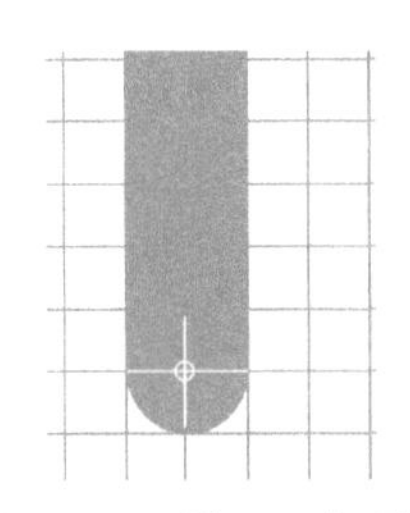

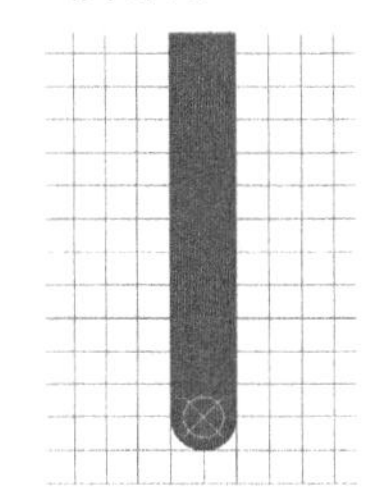

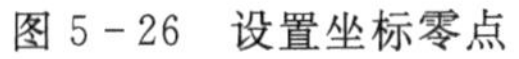

图5-26　设置坐标零点　　　图5-27　设置完成

注意：PCB设计过程中，可以通过快捷方式放大、缩小、移动工作窗口。

放大：按住键盘Ctrl键，鼠标滚轴向上滑动。

缩小：按住键盘Ctrl键，鼠标滚轴向下滑动。

移动：按住鼠标右键，工作窗口随鼠标移动。

④从键盘输入“Q”，切换距离单位为mm。

⑤鼠标双击画好的线，设置它的结束点位置为x：0 mm，y：45 mm，如图5-28所示。

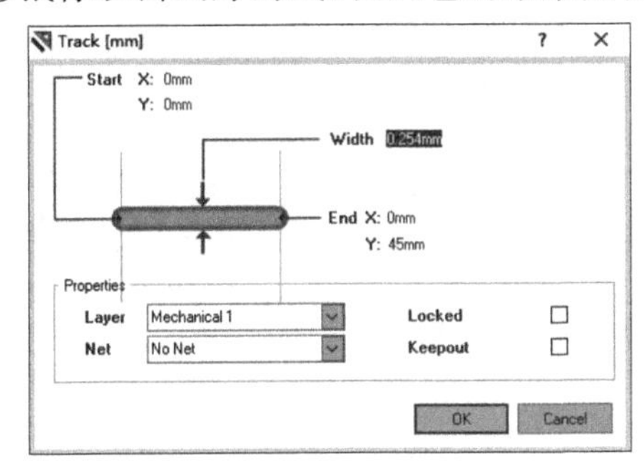

图5-28　设置线的终点

图5-29　完成的物理边界

⑥再以这根线的一端为起点画水平线，长度为75 mm。

⑦最后画成一个矩形，长75 mm，高45 mm，如图5-29所示。

注意：除了在机械层绘制物理边界外，用户还可以通过Altium的BoardShape功能定义PCB外形，具体方法本书第7章有详细介绍。

不论是在机械层绘制边框，还是使用BoardShape定义外形，用户都需要明确告知PCB生产厂商其选用的定义方式。

5.5.3　电气边界

1. 电气边界设定原则

电气边界：电路板上允许放置元件和布线的区域，通过在Keep-Out层上画线的方式来实现。

电气边界的设计原则有两点：

(1)电气边界必然小于PCB的物理边界。

(2)电气边界应该避开电路板上的安装孔和锁紧装置，并与这些区域保持一定距离。

2. 绘制电气边界

C51. PcbDoc 中绘制电气边界主要包括两步：

第一步：在 Keep-Out 层上绘制外边界，具体方法与物理边界画法相似，不再赘述。

第二步：避开安装孔的位置。已知 PCB 的四角上会设计四个安装孔，孔径为 3 mm，孔中心到边界的距离如图 5 - 30 所示。

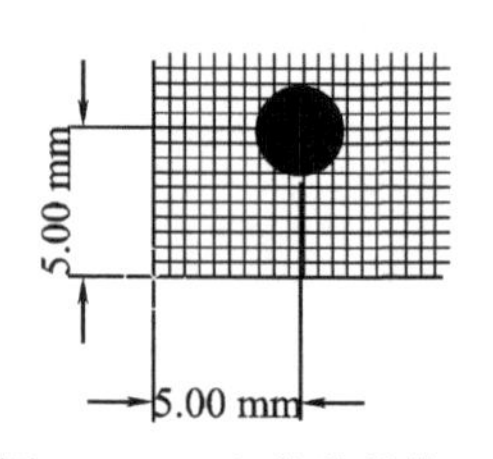

图 5 - 30 安装孔的位置

(1) 板层切换到 Keep-Out 层，执行菜单命令“Place \ Full Circle”，画一个圆。鼠标双击圆，设置其属性，如图 5 - 31 所示。

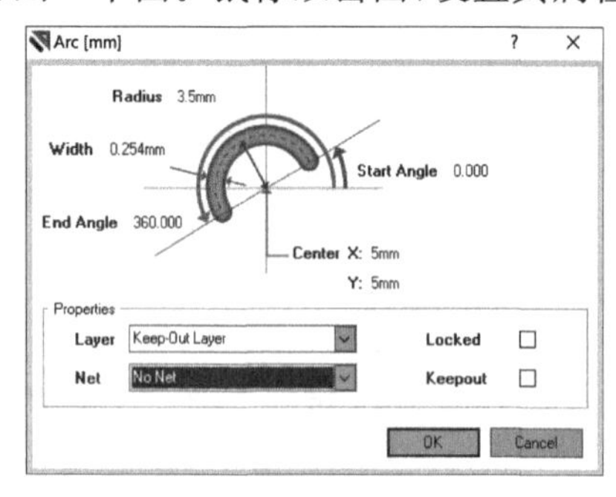

图 5 - 31 设置圆形边界

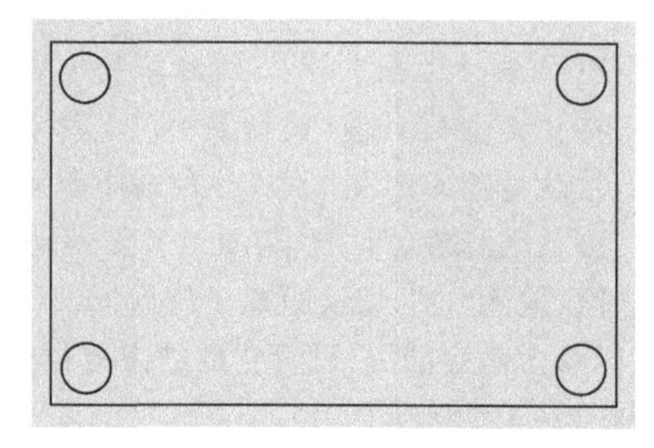

图 5 - 32 电气边界

(2)按照同样方法再画 3 个圆，圆心坐标 Center 分别设置为(X:70 mm，Y:5 mm)、(X:70 mm，Y:40 mm)、(X:5 mm，Y:40 mm)，完成后如图 5 - 32 所示。至此，电气边界绘制完成。

5.5.4 网络分类

为了便于对 PCB 上的网络进行管理，需要对网络进行分类，一般是将电源和地网络单独定义为一类网络。具体方法如下：

(1)执行菜单命令“Design\Netlist\Edit Nets...”，打开网络编辑窗口，如图 5 - 33 所示。

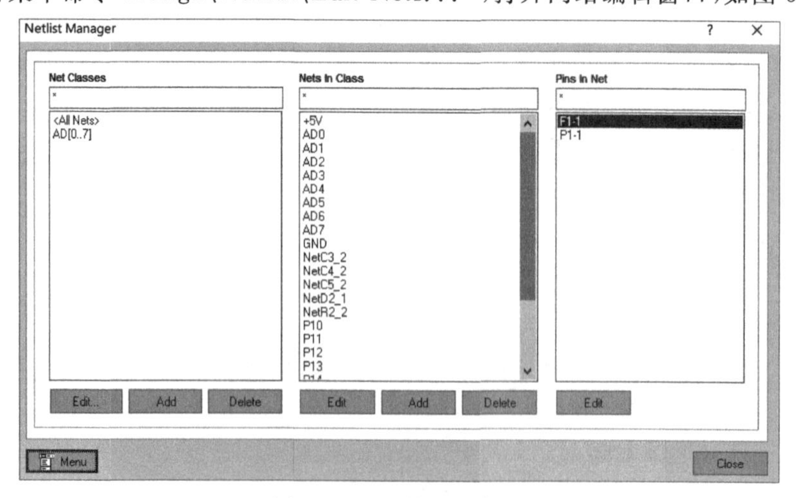

图 5 - 33 网络编辑窗口

(2)点击“Net Classes”选项下的“Add”按钮，弹出“Edit Net Class”对话框，在“Name”选项中填入网络类别的名称“POWER”，然后在 Non-Members 下方的网络列表选中网络(VCC、+5 V、GND)，点击“>”，将它们归入 POWER 类网络，如图 5－34 所示。

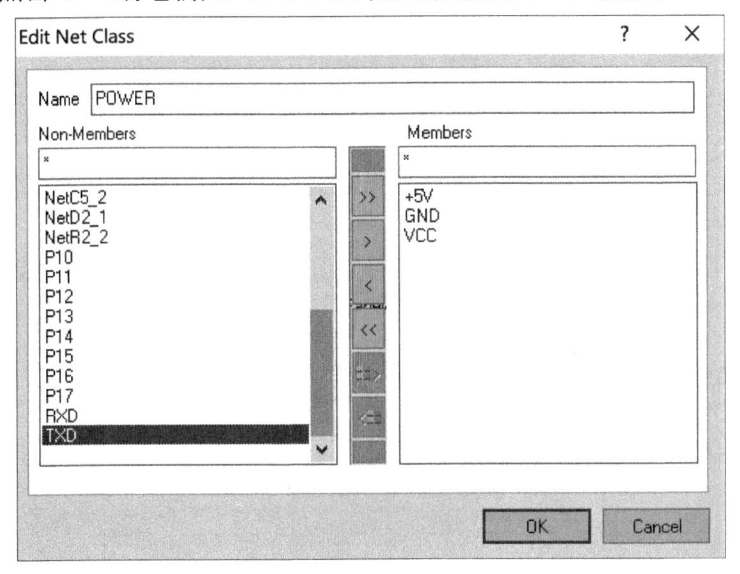

图 5－34　编辑“POWER”

(3)点击“OK”按钮返回网络编辑窗口，网络类别“POWER”分类完成，如图 5－35 所示，点击“Close”按钮结束。

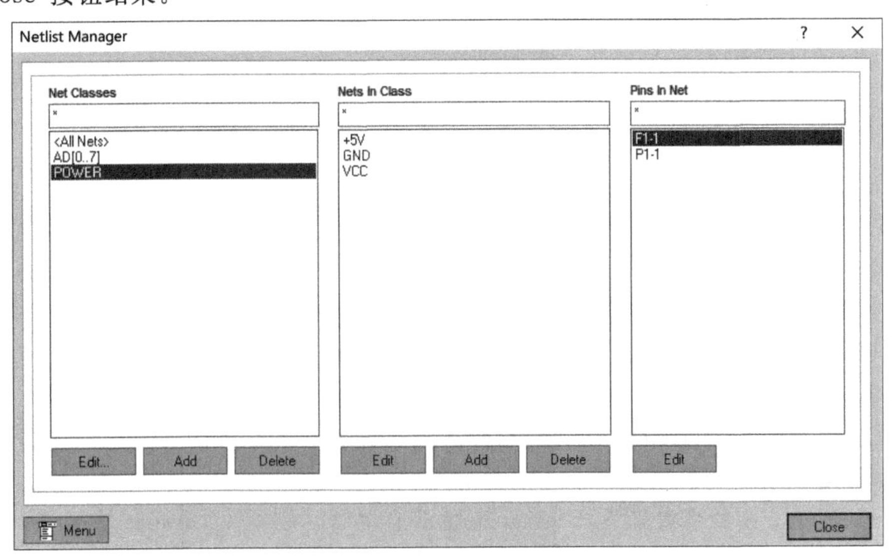

图 5－35　POWER 分类完成

5.5.5　设置 PCB 规则和约束条件

执行菜单命令“Design\Rules...”，打开“PCB Rules and Constraints Editor”对话框，如图 5－36 所示。在此对话框内，可以设置 PCB 的布局、走线、覆铜等操作的规则。

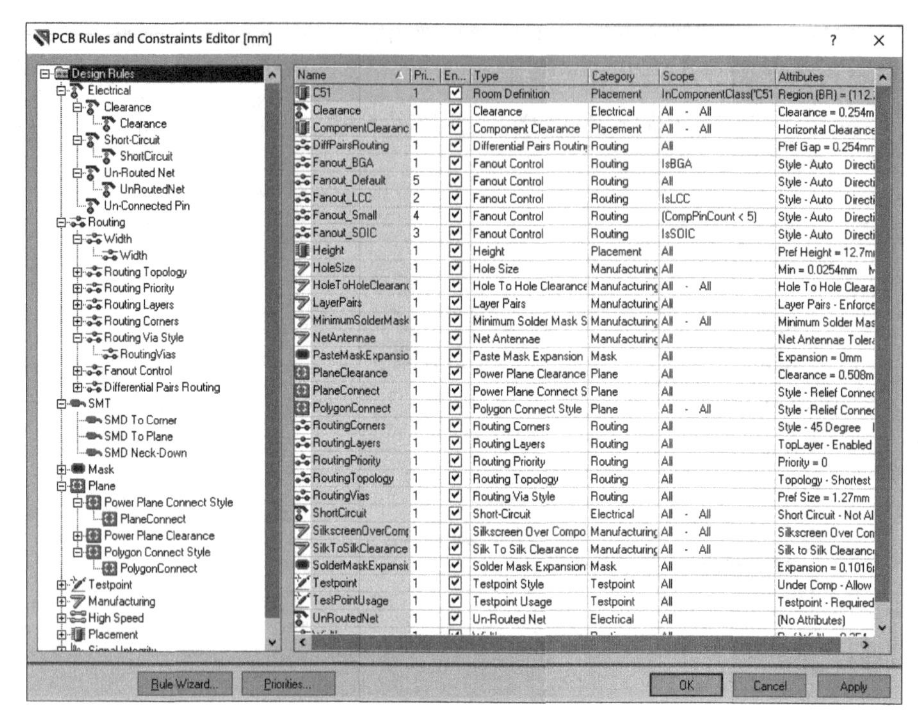

图 5-36 “PCB Rules and Constraints Editor”对话框

设置规则的目的主要有两个：

(1)作为 PCB 自检的依据：告诉软件，什么样的设计是对的，什么样的设计是错的。

(2)在进行自动布线时，软件会按照规则要求进行布线。

图 5-36 中的规则有很多，一般情况下，主要设置安全距离、线宽、过孔大小这三个规则，其他按照软件默认设置即可。

1. Clearance(安全距离)

Clearance(安全距离)：PCB 板布线时，不同网络的焊盘和焊盘之间、焊盘和导线之间、导线和导线之间的最小距离。一旦布线小于该距离，软件就会报错。

设置方法如下：

(1)鼠标点击规则窗口左边目录里的 Electrical\Clearance\Clearance 选项，窗口右侧为该项规则的详细信息。

(2)在窗口右侧“Constraints”(约束条件)区域中键入 Minimum Clearance 参数，本例中设定为“10 mil”(约 0.254 mm)，如图 5-37 所示。

注意：从便于布线的角度来看，Clearance 值越小越好。但是 Clearance 值越小，对电路板的制作工艺要求越高，生产成本随之增加。

2. Width(线宽)

Width(线宽)：导线的宽度，包括最大线宽、最小线宽和默认线宽。

导线越宽，可以承载的最大电流就越大，但是占据的板面也越大，不利于布线。因此应根据信号特性选择合适的导线宽度。

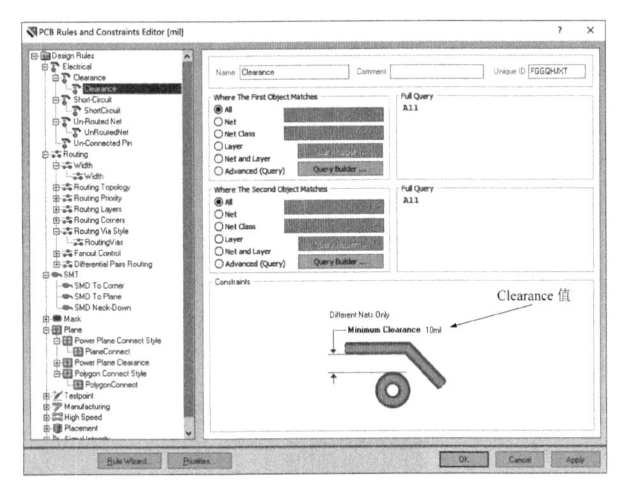

图 5－37　“Clearance”选项

系统在自动布线时会按照设定的默认线宽布线。

(1)设置所有网络的线宽。鼠标点击规则窗口左边目录里的“Routing\Width\Width”选项,在右侧窗口设置规则。

①“Where The First Object Matches”项选择“All”。

②在“Constraints”区域中,设定最小线宽为“5 mil”(约 0.127 mm),最大线宽为“100 mil”(约 2.54 mm),默认线宽为“10 mil”(约 0.254 mm),如图 5－38 所示。手工布线时线宽可以更改,但不能超出设定范围。

③其他选项按照默认即可。

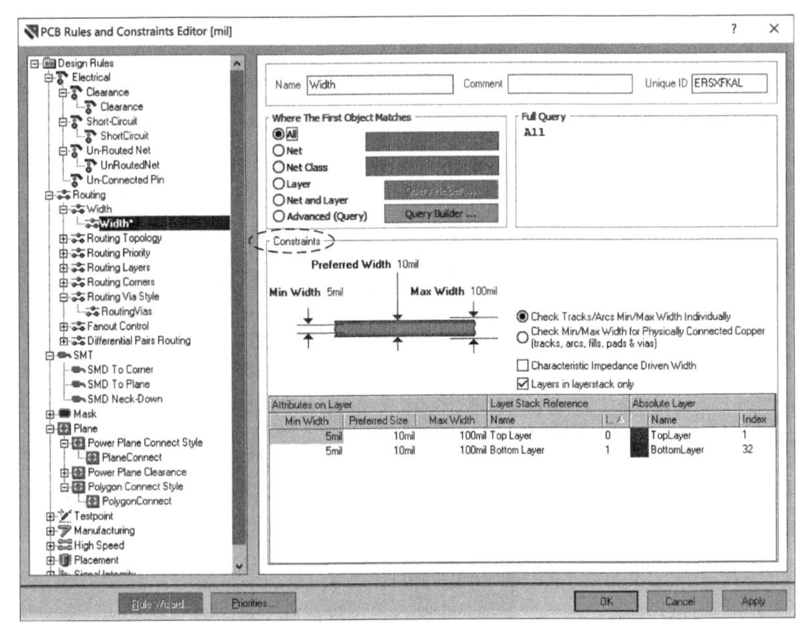

图 5－38　“Width”选项

(2)设置 POWER 类网络的线宽。

①鼠标右键点击左边目录里的 Clearance 选项,弹出下拉菜单,选择“New Rule...”,增加新的线宽规则,如图 5-39 所示,软件会自动将新规则命名为“Width1”。

图 5-39 增加 Width1 规则

②鼠标点击规则窗口左边目录里的“Width1”选项,在右侧窗口设置规则:

(a)“Name”栏中填入“Width_POWER”。

(b)“Where The First Object Matches”项选择“Net Class”,旁边的下拉菜单中选择网络类别“POWER”。

(c)“Constraints”区域中,设定最小线宽为“10 mil”(约 0.254 mm),最大线宽为“100 mil”(约 2.54 mm),默认线宽为“30 mil”(约 0.762 mm)。

其他选项按照默认即可,完成后如图 5-40 所示。

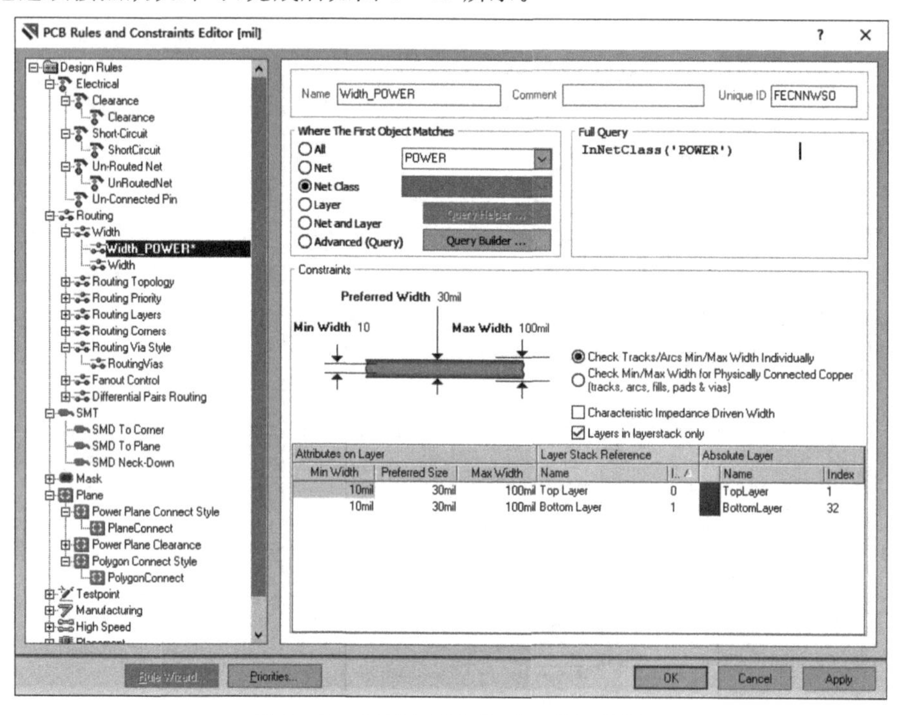

图 5-40 设置 POWER 类网络的线宽

(3)设置规则的优先顺序。“Width”中设定了两种规则,需要确定规则的优先顺序。在左侧窗口点击“Width”选项,再点击窗口下方的“Priorities”按钮,弹出“Edit Rule Priorities”对话框。选中“Width_POWER”,点击“Increase Priotity”,将“Width_POWER”的优先权设为“1”,如图5-41所示。

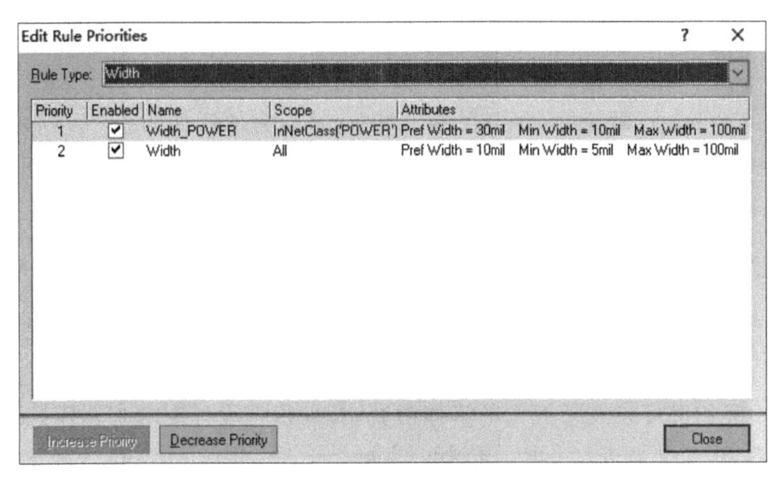

图 5－41　确定规则的优先顺序

3. Via(过孔)参数

过孔:为了连接电路板各电气层的导线,在导线交会处钻的公共孔。过孔在顶层和底层两面各镀有一圈环形金属,孔壁上也镀有金属,用以导电,如图 5－42 所示。

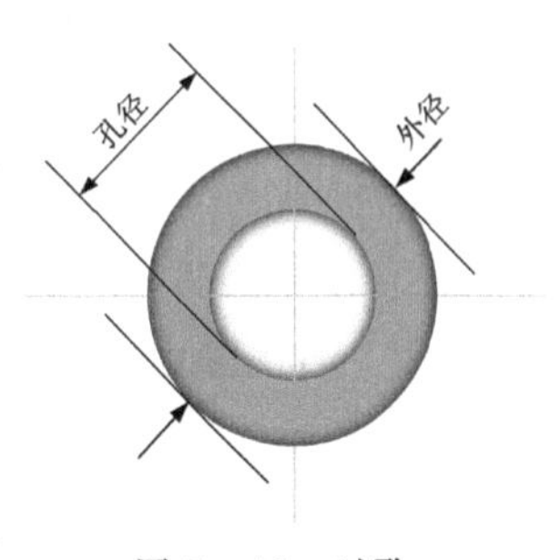

图 5－42　过孔

过孔可以分为埋孔、盲孔和通孔三种。本书只涉及通孔。

过孔的参数主要有两个:外径和孔径(直径)。

过孔越大,可以承载的最大电流也越大,但是占据的板面也越大,不利于布线,应当选择合适的大小。系统在自动布线时会遵循规则里设定的过孔参数。

设置方法如下:

(1)鼠标点击规则窗口左边目录里的“Routing\Routing Via Style\RoutingVias”选项,窗口右侧为该项规则的详细信息。

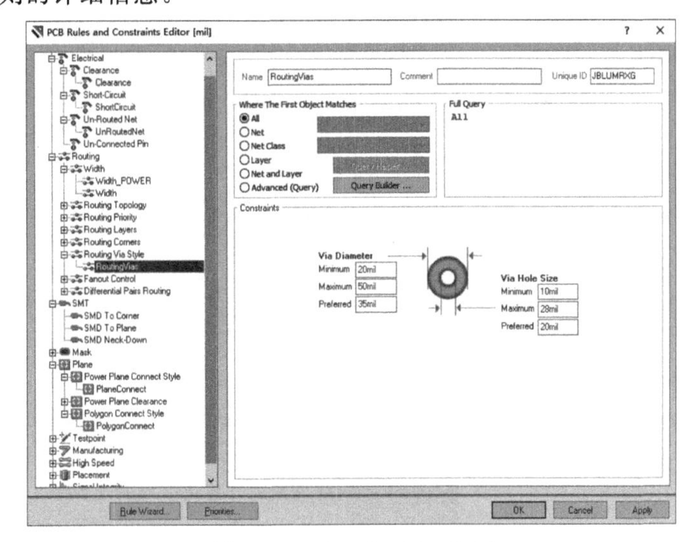

图 5－43　RoutingVias 选项

(2)在右侧“Constraints”区域中，设定过孔的外径最小为 20 mil(约 0.508 mm)，最大为 50 mil(约 1.270 mm)，默认为 35 mil(约 0.889 mm)；过孔的孔径最小为 10 mil(约 0.254 mm)，最大为 28 mil(约 0.711 mm)，默认为 20 mil(约 0.508 mm)，完成后如图 5-43 所示。

手工布线时过孔参数可以更改，但不能超出设定范围。

设置完所有规则后，点击对话框中的“OK”按钮保存设置。

5.5.6 选择 DRC 规则

Altium 软件在设计 PCB 时，具备电气检查功能(Design Rule Check，DRC)功能，该功能分为在线检测(On-line DRC)和批次检测(Batch DRC)两部分。

在 5.5.5 中我们已经设置了规则的具体参数，此处根据设计需求来选择 DRC 规则。本例中只选择几个常用的规则进行 DRC，包括：Clearance、Width、Routing Via Style、Short-Circuit、Un-Routed Net。

(1)执行菜单命令“Tools\Design Rule Check...”，打开“Design Rule Checker”对话框。

(2)点击对话框左侧“Rules To Check”，右侧窗口列出了所有规则，在需要检测的规则后面打钩，如图 5-44 所示。

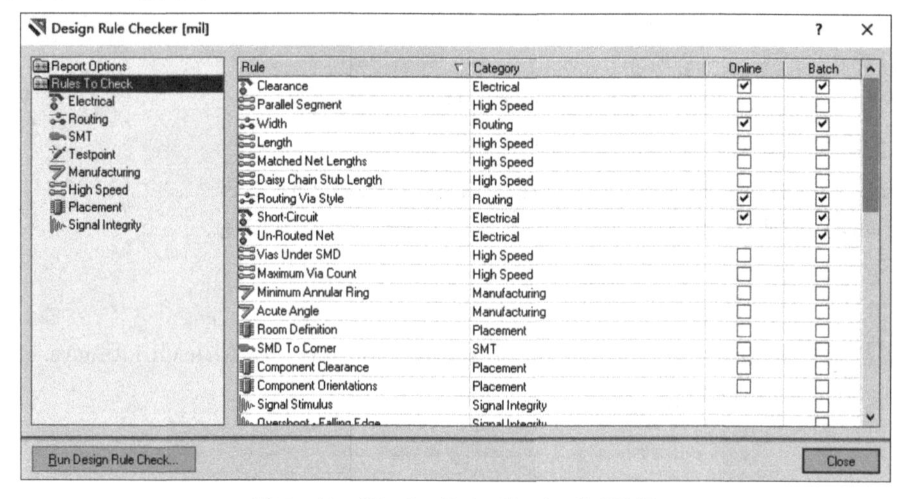

图 5-44 “Design Rule Checker”对话框

注意:

(1)DRC 中没有选中的规则只是在 DRC 时不起作用，在设计 PCB 时，软件仍然会遵循这些规则。

(2)DRC 中没有选择“Component Clearance”，并不是说可以任由元件放置的很近。而是由于在 PCB 上某些元件之间的距离如果偏大，会影响电气性能；而另一些元件之间的距离又不能离得太近，因此规则不便于设置。所以元件之间的距离主要是由用户自行把握。

(3)On-line DRC 的主要任务是保障焊盘与线之间的安全距离，防止短路发生；Batch DRC 的主要任务是检查所有网络是否都已连通，防止断路发生。

5.6 布局

PCB 设计的准备工作已完成，本节介绍元件的布局。

PCB 导入原理图网表后，元件就会堆放在 PCB 的右下角位置，如图 5－17 所示。

布局：是把元件合理地放入已设计好的 PCB 电气边界内，便于连线。

一般情况下，由用户手动布局。

5.6.1 飞线

在电路系统设计中，飞线有以下两种概念。

(1)PCB 加载网络和元件后，元件管脚之间会有白色的线连接，用来表示这些管脚属于同一个网络的。这种线被称为飞线，只是一个辅助的标示，便于设计，没有电气连接意义。

(2)某些电路板已生产焊接完成后，发现 PCB 存在设计问题。这时，需要在已完成的电路板上用导线连接一些焊盘。这种后来焊接上去的导线也被称为飞线。

本书中飞线特指第一种。

5.6.2 布局的原则

布局主要遵从以下几个原则：

(1)输入输出接插件应放置在电路板四周。

(2)根据电路板上飞线拓扑来放置元件，使具有相同网络的焊盘尽可能的近。布局完成后飞线越短越好。

(3)先放置集成电路、接插件等形状较大的元件，再放置电阻、电容等元件。

(4)滤波电容一定要放置在需要滤波的元件管脚附近。

5.6.3 操作步骤

图 5－17 中，所有元件背后有一个长方形的背景，这是 Room。默认情况下，一张原理图内的元件在导入 PCB 后，就会形成一个 Room。

布局一般按照以下步骤进行：

(1)用鼠标左键点住元件，按照布局原则将 Room 内的元件一个一个挪到画好的电气边界内，然后删掉 Room。

(2)根据飞线拓扑调整元件的方向和电气层，具体操作如下：

①旋转：鼠标左键点住元件，同时按空格键，元件逆时针旋转 90°，松开鼠标左键，元件固定。

②换层：鼠标左键点住元件，键入“L”，元件在 Top 层和 Bottom 层之间切换。

5.6.4 布局技巧：隐藏电源飞线

电路板上电源网络(VCC、GND 等)分布比较广，涉及元件很多，这些网络的飞线也交错纵横，PCB 布局时经常会受到干扰。

为减少干扰，在布局时可以隐藏电源网络的飞线，具体操作如下：

(1)PCB 编辑界面下,键盘输入"N",界面出现飞线控制菜单,如图 5-45 所示。

(2)鼠标选中"Hide Connection\Net",出现十字光标。

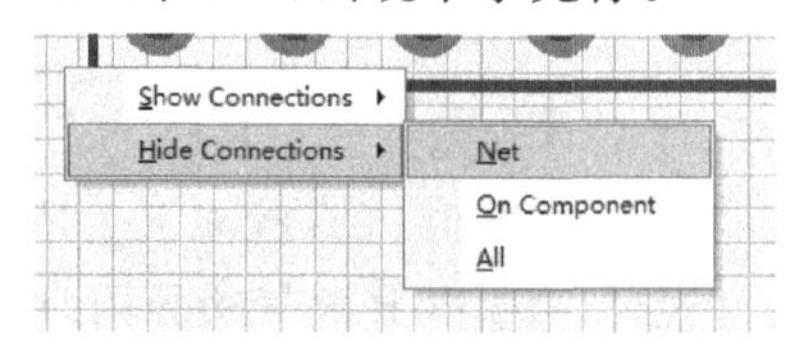

图 5-45 飞线控制菜单

注意:这两步的操作可以通过在键盘输入"NHN"来实现。

(3)将十字光标移动到被隐藏网络所在的焊盘上,如图 5-46 所示,然后点击鼠标左键,PCB 上同网络的飞线就被隐藏掉了,如图 5-47 所示。

图 5-46 选中要隐藏的网络　　图 5-47 隐藏飞线后

布局结束后,可以利用"飞线控制菜单"显示所有飞线,或在键盘输入"NSA"来实现。

布局完成后如图 5-48 所示。

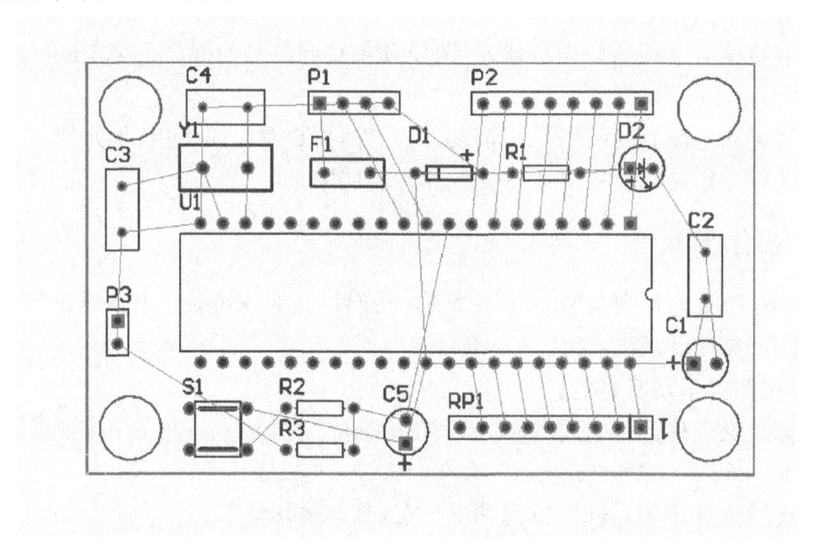

图 5-48 完成布局

5.7 布线

布线是指将 PCB 上同一网络的所有焊盘用导线或铜面连接在一起。

5.7.1　布线原则

PCB 布线一般应遵循以下原则：

(1)信号线越短越好。

(2)关键信号线，距离其他节点越远，造成的电容越小，互相干扰也就越小。[4]

(3)走线拐弯要避免小于 90°。

(4)相邻信号层的导线应避免重叠，最好相交。

(5)导线尽量均匀分布于各个信号层。

(6)尽量减少过孔数量，一根导线最好只打一次过孔。

注意：上述原则针对的是无特殊要求的信号，实际操作时还是要根据信号特性来进行布线。

5.7.2　手动布线

1. 布线

(1)执行菜单命令“Place\Interactive Routing”，或者点击工具栏中按钮，启动布线命令。导线的起始点(十字光标)随鼠标移动，光标靠近焊盘时，光标中间出现一个小八边形，如图 5-49 所示。单击鼠标左键选中该焊盘，确定导线起点。

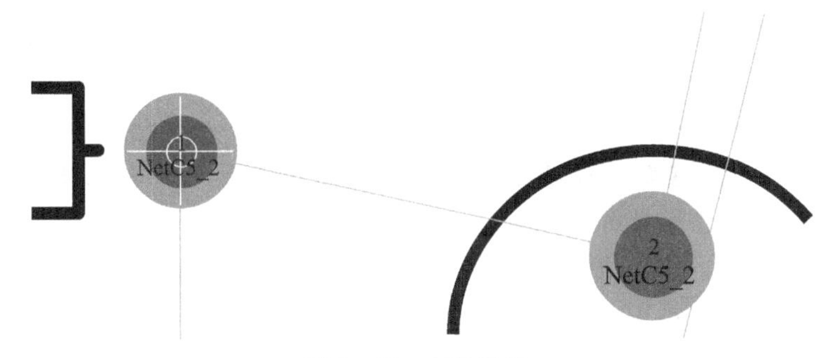

图 5-49　布线操作

(2)点击键盘 Tab 键，打开导线属性对话框，在其中设定导线的线宽，之后的布线都会自动按照此线宽进行。

(3)拖动鼠标，导线随鼠标延伸，如果导线需要拐弯，在拐弯处单击鼠标左键即可，拐弯时点击空格键，可以改变转弯的方向。

(4)拖动鼠标到需要连接的焊盘，当光标中间出现八边形，双击鼠标左键确定连接，再单击鼠标右键，这条导线就绘制完成了。此时，十字光标依然存在，可以继续布线。

2. 通过过孔连线

当 PCB 上元件和网络较多时，两个焊盘之间无法用同层的导线连接。

如图 5-50 所示，如果要连接 A 焊盘和 B 焊盘，就需要穿越一组顶层导线和另一组底层导线，这时就必须使用过孔了。具体做法如下：

(1)将 A 焊盘视为起点，在底层画导线到 C 点。

(2)执行菜单命令“Place/Via”，或者点击工具栏上的符号，启动放置过孔命令，过孔随鼠标移动。

(3)将鼠标移动到 C 点导线端口处,单击鼠标左键放置过孔,软件会自动将导线的网络赋予过孔。

(4)切换到顶层,以过孔为起点,连接导线到 B 焊盘。

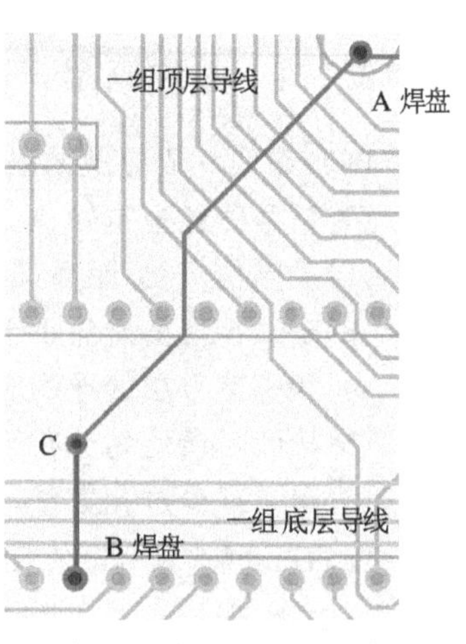

图 5-50 通过过孔连线

3. 布线顺序

(1)将 PCB 上除了 GND、VCC、+5 V 外的其他网络用 10 mil(约 0.254 mm)宽的导线拉通。

(2)用 30 mil(约 0.762 mm)宽的导线拉通 VCC、+5 V。

4. 常用快捷键

Altium 软件为 PCB 设计提供许多快捷键,布线时常常用到以下几种。

放大工作窗口:按住键盘 Ctrl 键,鼠标滚轴向上滑动。

缩小工作窗口:按住键盘 Ctrl 键,鼠标滚轴向下滑动。

移动工作窗口:按住鼠标右键,工作窗口随鼠标移动。

变换单位(mil 和 mm):从键盘输入"Q"。

画导线:从键盘输入"PL"。

切换信号层:从键盘输入"*"。

布线中放置过孔:布线过程中输入"*",软件会在鼠标当前位置放置一个过孔,并切换导线的信号层。

单独显示某一板层:从键盘输入"Shift+S";再输入一次,恢复正常显示。

高亮某个网络:按住键盘 Ctrl 键,点击某个该网络中任意一个焊盘;按住键盘 Ctrl 键,点击 PCB 上空白处,恢复正常显示。

用户可以自己定义软件的快捷键,具体方法见本书附录。

完成后如图 5-51 所示。

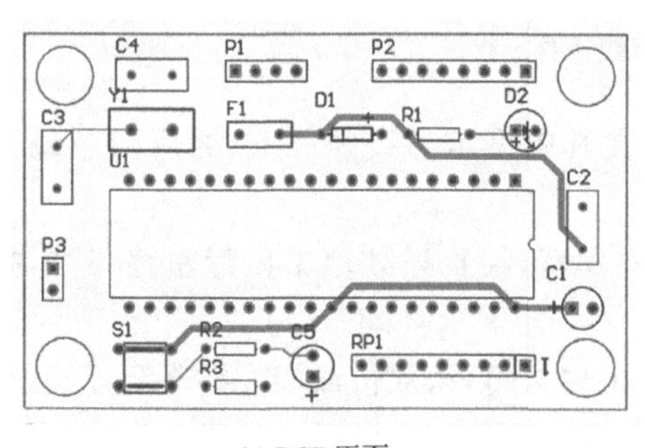

(a) PCB正面

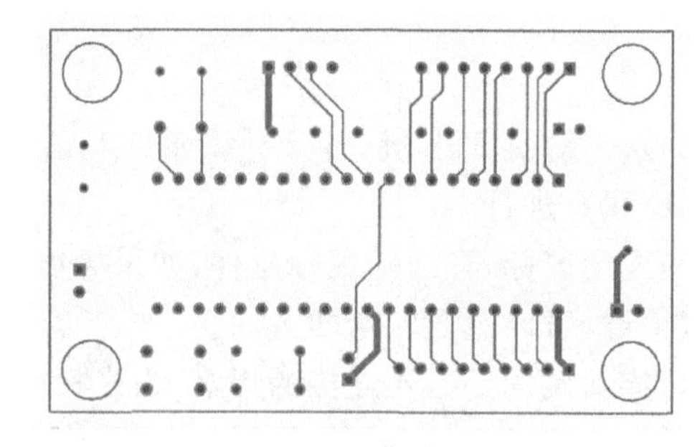

(b) PCB背面

图 5-51 PCB 设计结果

5.7.3 自动布线

Altium 软件提供自动布线功能。

执行菜单命令"Auto Route/All...",打开自动布线对话框。点击对话框右下角的按钮"Route All",软件开始自动布线,并自动打开"Messages"面板,动态显示布线操作。布线完成后，“Messages”面板会显示信息“Routing finished with 0 contentions(s). Failed to complete 0 connection(s) in x Seconds”。

自动布线往往存在一些不太合适的地方，需要进行手动修改。此处不再赘述。

5.8　放置安装孔

5.8.1　确定安装孔的用途和位置

安装孔的用途主要可以分为两类：第一类是将电路板是固定在机箱内；第二类只是用于安装支撑螺钉，将电路板抬高放置。

第一类安装孔的孔径、位置必须非常精确，才能和机械件配合。因此其孔径、位置需要和结构工程师沟通后才能确认。

第二类安装孔位置、孔径的准确度要求没那么高，但用户还是应当清楚常用螺钉和螺母的大小。

C51 板的安装孔的用途属于第二种，安装孔孔径是 3 mm，四个安装孔的位置分别是(X：5 mm，Y：5 mm)、(X：70 mm，Y：5 mm)、(X：70 mm，Y：40 mm)和(X：5 mm，Y：40 mm)。

5.8.2　放置安装孔

PCB 设计时通常使用焊盘作为安装孔，具体操作如下。

1. 放置焊盘

执行菜单命令“Place\Pad”，或者点击工具栏中按钮，启动放置焊盘命令。

2. 设置焊盘属性

将焊盘放置在 PCB 附近任意一个位置，鼠标双击焊盘打开属性对话框，按照图 5－52 设置属性。

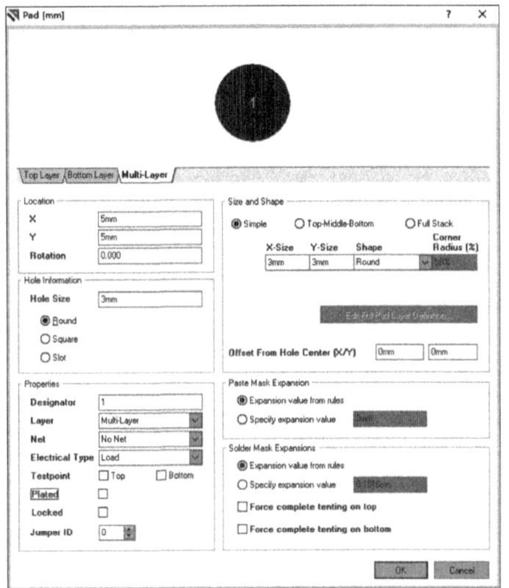

图 5－52　设置焊盘属性

(1)位置:在 Location 区域里输入焊盘中心点的坐标(X:5 mm,Y:5 mm)。

(2)孔径:在 Hole Information 区域中 Hole Size 栏中输入焊盘的直径 3 mm。

(3)去掉 Plated 勾选:在 Properties 区域中,去掉 Plated 勾选,这代表焊盘内壁没有金属,也称之为去金属化。

(4)盘面尺寸和形状:焊盘盘面应该与孔的形状大小一致。

(5)其余按照图中设置即可。

(6)单击"OK"按钮完成。

按照此方法放置另外三个安装孔,焊盘的位号(Designator)分别是 2~4,焊盘坐标分别是(X:70 mm,Y:5 mm)、(X:70 mm,Y:40 mm)、(X:5 mm,Y:40 mm),完成后的 PCB 如图 5-53所示。

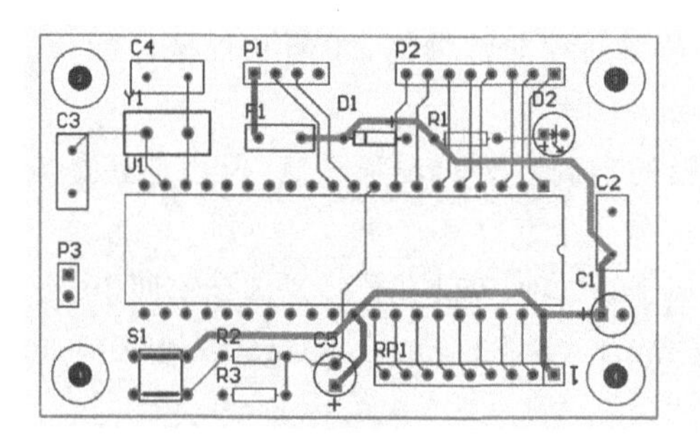

图 5-53 有安装孔的 PCB

5.9 覆铜

覆铜是指在 PCB 信号层上的某个区域内铺设导电金属[5]。覆铜一般有两种用处:第一种是通过铜将 PCB 上所有的"地"网络连接在一起,覆铜区域是整个板面;第二种是在设定的区域内通过铜将一些电源网络的焊盘连接在一起。

本例是第一种覆铜。通过覆铜连接所有"地"网络的好处是:减小地线阻抗,提高抗干扰能力;降低压降,提高电源效率等。

注意:不是所有的电路板都需要添加覆铜,应根据具体情况判断。

5.9.1 确定不需要覆铜的区域

执行菜单命令"Place\Polygon Pour Cutout",出现光标,拖动光标圈出电路板上不需要覆铜的区域,由虚线包围。本例中不需要设置。

注意:系统默认,该区域是封闭的。

5.9.2　覆铜

1. 打开覆铜属性对话框

执行菜单命令“Place/Polygon Plane...”，或者点击工具栏上的符号，打开覆铜属性对话框，如图 5－54 所示。

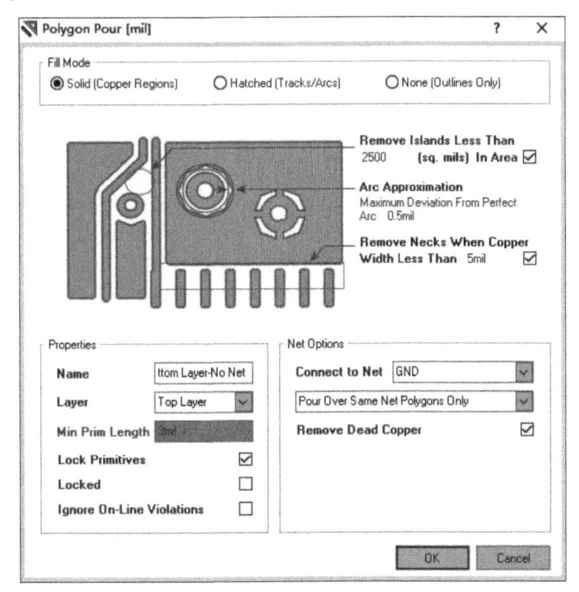

图 5－54　覆铜属性对话框

2. 编辑覆铜属性

(1) 选择填充方式(Fill Mode)：有实心填充(Solid(Copper Regions))、影线化填充(Hatched(Tracks/Arcs))和无填充(None(Outlines Only))三种方式，本例选择“Solid(Copper Regions)”。

(2)选择覆铜板层：将“Layer”属性设置为“Top Layer”。

(3)选择覆铜网络：将“Connect to Net”属性设置为“GND”。

(4)其余按照图中设置即可。

(5)单击“OK”按钮完成。

3. 确定覆铜区域

设置覆铜属性后，程序界面出现十字光标。拖动光标，在电气边界内画一个闭合的区域(本例中绘制的区域与电气边界完全重合)，绘制完成后，覆铜将在此区域内自动生成，如图 5－55 所示。

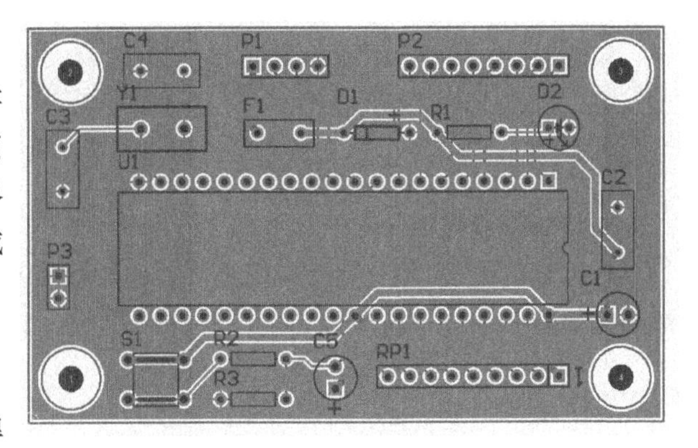

图 5－55　覆铜完成

5.9.3　修改覆铜

由图 5－55 可以看出，铜面与其他焊

盘、电气边界的距离是按照安全距离10 mil(约 0.254 mm)自动铺设的,距离较近,因此需要修改。

1. 关闭 Online DRC

执行菜单命令"Tools/Preferences...",打开 Preferences 对话框,如图 5-56 所示。将"Editing Options"选项中"Online DRC"前的勾选去掉,点击"OK"按钮保存。

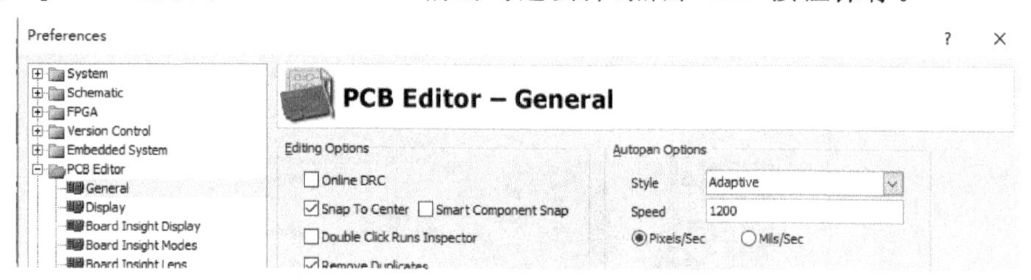

图 5-56 Preferences 对话框

2. 修改 PCB 规则

(1)设置 Clearance(安全距离):将安全距离改为 20 mil(约 0.508 mm)。

(2)设置 PolygonConnect(覆铜连接):用鼠标点击规则窗口左边目录里的"PolygonConnect"选项,将右侧窗口"Conductor Width"的值改为 30 mil(约 0.762 mm),如图 5-57 所示。

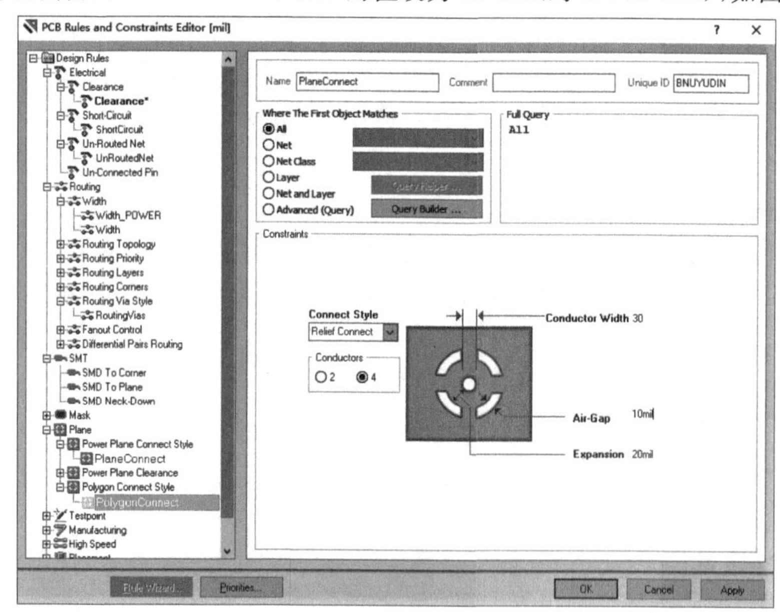

图 5-57 "PolygonConnect"选项

3. 重新生成覆铜

双击覆铜区域,打开属性对话框,直接点击"OK"按钮,在弹出的对话框里点击"Yes",覆铜会按照新的规则重新生成一次,完成后如图 5-58 所示。

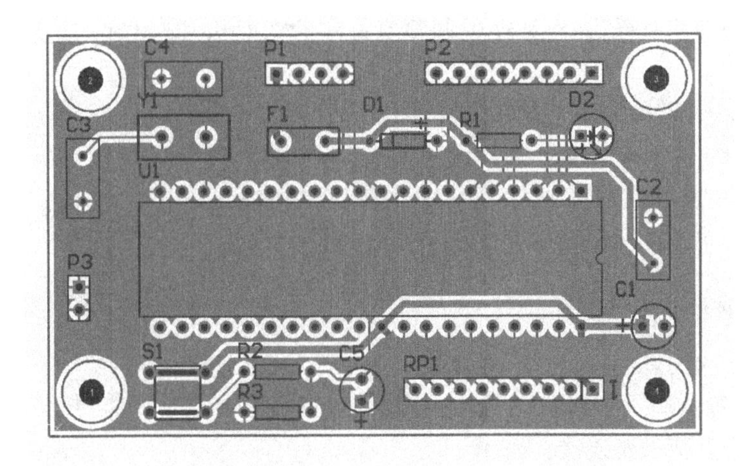

图 5 - 58　正面覆铜

4. 恢复规则

(1)将安全距离改回原先的设置。

(2)打开 Online DRC。

5.10　编辑丝印层

为了方便元件的焊接和维修，PCB 板的表面会印刷元件位号、元件轮廓、设计版本号、设计日期、制造编号等标识，这些设计元素都放置在 PCB 丝印层。在编辑丝印层之前，应单击工作窗口下部的“Top Overlay”标签，将工作界面切换到丝印层，如图 5 - 59 所示。

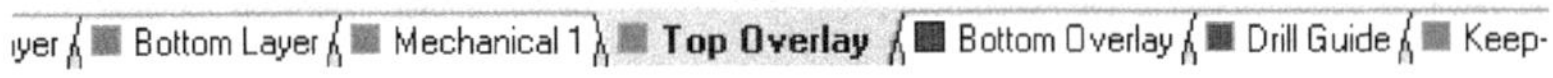

ıyer / Bottom Layer / Mechanical 1 / **Top Overlay** / Bottom Overlay / Drill Guide / Keep-

图 5 - 59　点击“Top Overlay”标签

注意：制造编号由电路板生厂商放置，用户不用考虑。

5.10.1　调整元件位号位置

将鼠标移动到元件位号上，按住左键，元件位号会随光标移动。位号移动过程中，单击键盘空格键可以旋转位号，松开鼠标后，位号固定。

调整元件位号应遵循以下规则：

(1)位号位于元件的旁边，与元件一一对应。

(2)所有位号的方向尽量一致，一块 PCB 板上顶多有两种方向，垂直和水平。

(3)位号不能放置在焊盘上。

(4)位号尽量不要放置在过孔上。

5.10.2　放置设计版本号和日期

(1)执行菜单命令“Place/String”，文本随光标移动，点击 Tab 键弹出“String”属性对话框，如图 5 - 60 所示。

(2)因电路板面积有限,在对话框中调整字符串的宽度和高度。

(3)在"Properties"的"Text"属性内填入 PCB 的名称——"C51 V1.0 20190624",将"Layer"属性设为"Top Overlay"。

(4)点击"OK"按钮完成设置,然后将文本移动到 PCB 上没有元件的地方,单击鼠标左键放置。

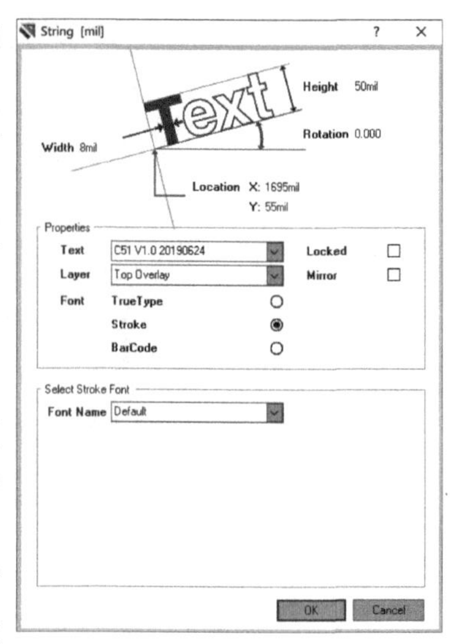

图 5-60 "String"属性对话框

5.10.3 放置信号标识

C51 电路板上有三个对外连接器(接插件)P1、P2、P3,应当在连接器旁放置一些文本标识,明确连接器焊盘的信号特征,方便电路板和其他设备连接。

如 P1 的 1 脚对外连接+5 V 信号,4 脚对外连接 GND 信号,为避免用户使用时将这两个信号接反,在其焊盘上侧放置文本标识,放置方法与版本号相同。完成后的 PCB 如图 5-61 所示。

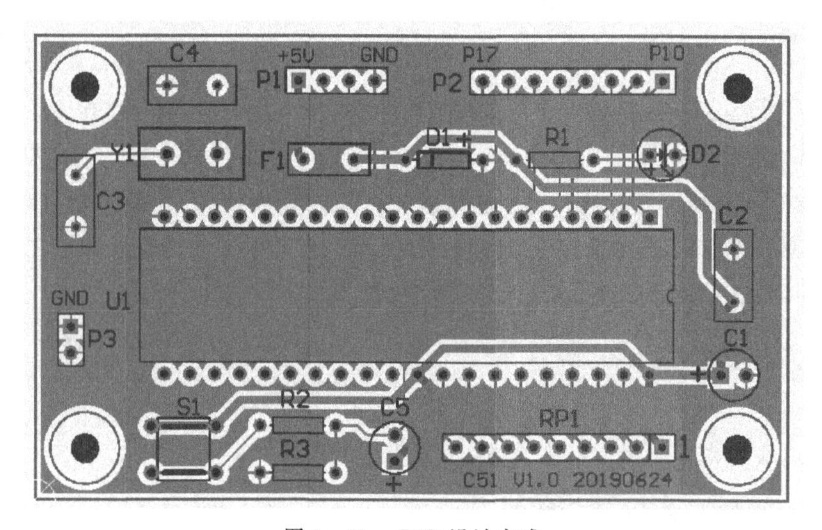

图 5-61 PCB 设计完成

5.11 设计规则检查(DRC)

PCB 设计完成后,为保证设计的正确性,需要对整个电路板进行 DRC,从而确定 PCB 是否有设计错误。DRC 的依据是 5.5.6 节中设置的批次检测(Batch DRC)选项。

为便于讲解纠错方法,先删去 PCB 上的一根导线。

5.11.1　检查

执行菜单命令“Tools\Design Rule Check...”，打开“Design Rule Checker”对话框，点击对话框下方的“Run Design Rule Check...”按钮，开始检查。Altium Designer 会自动弹出检查报告，如图 5－62 所示。同时 PCB 上也会将错误标识出来，如图 5－63 所示。

Summary

Warnings	Count
Total	0

Rule Violations	Count
Width Constraint (Min=10mil) (Max=100mil) (Preferred=30mil) (InNetClass('POWER'))	0
Routing Via (MinHoleWidth=10mil) (MaxHoleWidth=28mil) (PreferredHoleWidth=20mil) (MinWidth=20mil) (MaxWidth=50mil) (PreferedWidth=35mil) (All)	0
Width Constraint (Min=5mil) (Max=100mil) (Preferred=10mil) (All)	0
Power Plane Connect Rule(Relief Connect)(Expansion=20mil) (Conductor Width=30mil) (Air Gap=10mil) (Entries=4) (All)	0
Clearance Constraint (Gap=10mil) (All),(All)	0
Un-Routed Net Constraint ((All))	1
Short-Circuit Constraint (Allowed=No) (All),(All)	0
Total	1

Un-Routed Net Constraint ((All))
Un-Routed Net Constraint: Net NetC4_2 Between Track on layer Bottom Layer (720,1320,133mil) And Pad C4-2 (720,1579.999mil)

Back to top

图 5－62　检查报告

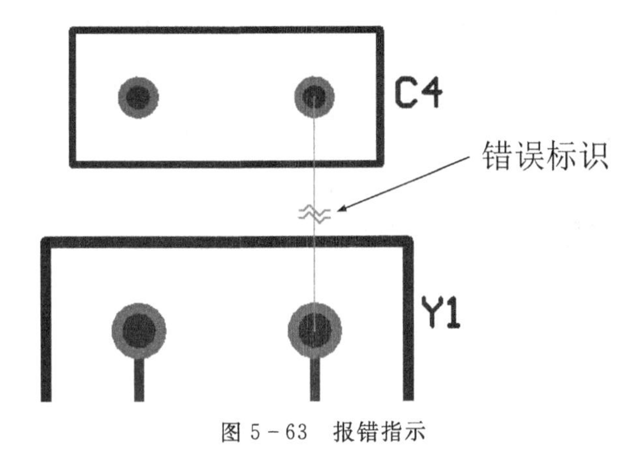

图 5－63　报错指示

5.11.2　察看分析报告和 Messages 面板

报告在“Rule Violations”中指出 PCB 有 1 处网络断开，并在“Un-Routed Net Constraint”中列出了网络的名称 NetC4_2 和应连接的焊盘。

打开 Messages 面板，可以看到有相同的错误提示，如图 5－64 所示。鼠标双击 Messages 面板的提示信息，PCB 文件窗口会定位、放大与该项提示信息相对应的焊盘或导线，如图 5－63 所示。

注意：Messages 面板可以定位错误位置，方便用户逐项纠错。

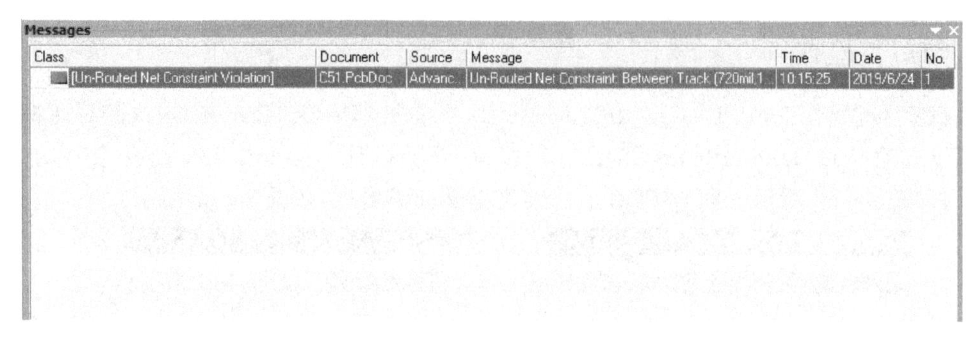

图 5-64　Messages 面板

5.11.3　纠错

(1)执行菜单命令“Tools\Reset Error Makers”去掉 PCB 上的错误标识。

(2)用导线连接 C4 的 2 脚与 Y1 的 1 脚。

5.11.4　再次检查

按照 5.11.1 的步骤再次检查,报告如图 5-65 所示,错误消失,纠错完成。

Summary

Warnings	Count
Total	0

Rule Violations	Count
Width Constraint (Min=10mil) (Max=100mil) (Preferred=30mil) (InNetClass('POWER'))	0
Routing Via (MinHoleWidth=10mil) (MaxHoleWidth=28mil) (PreferredHoleWidth=20mil) (MinWidth=20mil) (MaxWidth=50mil) (PreferedWidth=35mil) (All)	0
Width Constraint (Min=5mil) (Max=100mil) (Preferred=10mil) (All)	0
Power Plane Connect Rule(Relief Connect)(Expansion=20mil) (Conductor Width=30mil) (Air Gap=10mil) (Entries=4) (All)	0
Clearance Constraint (Gap=10mil) (All),(All)	0
Un-Routed Net Constraint ((All))	0
Short-Circuit Constraint (Allowed=No) (All),(All)	0
Total	0

图 5-65　再次检查

5.12　生成元件清单

用户可以通过 PCB 文件生成元件清单。

打开设计完成的 PCB,执行菜单命令“Reports\Bill of Materials”,就可以生成元件清单了。

一个复杂的电路板,设计时肯定会存在大量的修改过程。用户可能在设计 PCB 时,才发现原理图有问题,再调过头去反复修改;也有可能用户会跳过原理图,直接修改 PCB。

第二种情况下,原理图和 PCB 就会存在不一致,这时就必须根据 PCB 去生成元件清单,然后作为最终的焊接依据。

通常会将原理图生成的元件清单作为采购元件的依据,将 PCB 生成的元件清单作为焊接依据。

5.13　PCB 编辑功能

PCB 中的电气组件都可以进行选择、复制、剪切、粘贴等操作。

5.13.1　选择、删除

方法与原理图中的一致。

5.13.2　复制、剪切、粘贴

PCB 中复制、剪切的方法与原理图略有不同，操作过程如下：

(1)用鼠标左键选中要操作的电气组件，被选中的组件会被高亮显示。

(2)输入复制或剪切命令，鼠标变成一个十字光标，将光标移动到选择好的组件上，然后单击鼠标左键，编辑完成。

(3)输入粘贴命令，被粘贴的组件随十字光标移动。单击鼠标左键，放置组件。

注意：复制、剪切时光标的落点非常重要，粘贴时光标落点与组件的相对位置，会和复制时保持一致。

利用这个特点，在放置安装孔时可以只放置一个，其他的三个通过复制粘贴获得，具体操作如下：

(1)选中 PCB 中左下角的安装孔 PAD1，然后执行复制指令。

(2)将光标移动到 PCB 板边框的左下角，和边框线坐标重合，这时十字光标中间出现小的圆圈，如图 5－66 所示，点击鼠标左键。

(3)执行粘贴命令，会发现光标和安装孔的相对位置与复制时一模一样，如图 5－67 所示。

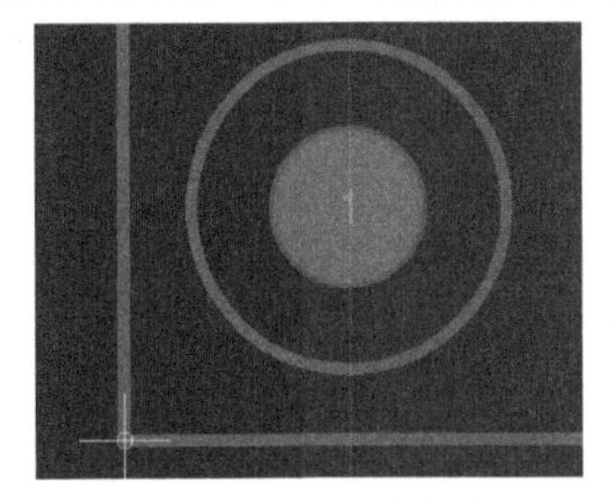

图 5－66　选择复制点

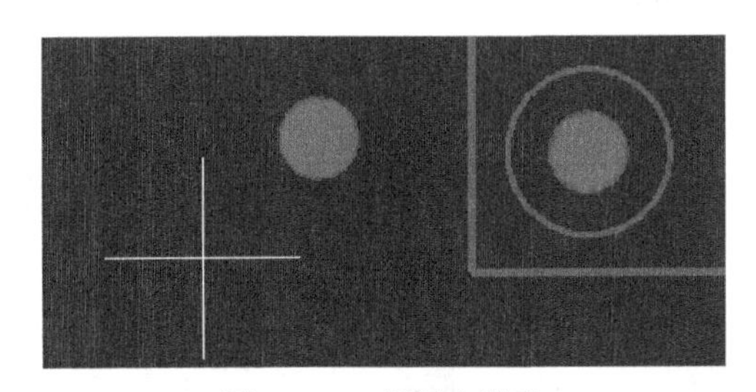

图 5－67　复制安装孔

(4)单击键盘空格键三次，将安装孔旋转到光标右下方。

(5)将光标移动到边框左上角和边框坐标重合，如图 5－68 所示，然后单击鼠标左键放置安装孔。

双击被复制的安装孔，会发现其坐标就是(X：5 mm，Y：40 mm)。

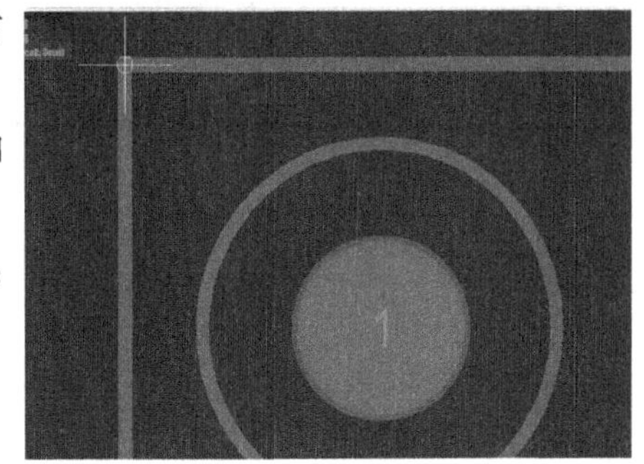

图 5－68　安装孔和光标相对位置不变

第6章　原理图层次化设计

本书前面章节已经介绍了简单电路原理图的设计方法。

对于复杂的电路板，一张A3大小的图纸无法满足设计要求，通常采用层次化设计方式绘制原理图。

层次化设计就是按照功能将电路板划分为多个模块，先在功能框图中画出各模块的连接关系，然后完成各模块的电路原理图。

本章将以一个网卡板为例，详细介绍原理图层次化设计的方法，以及如何处理在原理图中标识差分网络。

6.1　确定电路结构

网卡板根据功能划分为两个模块：网络控制器电路和总线电路，其结构如图6－1所示。

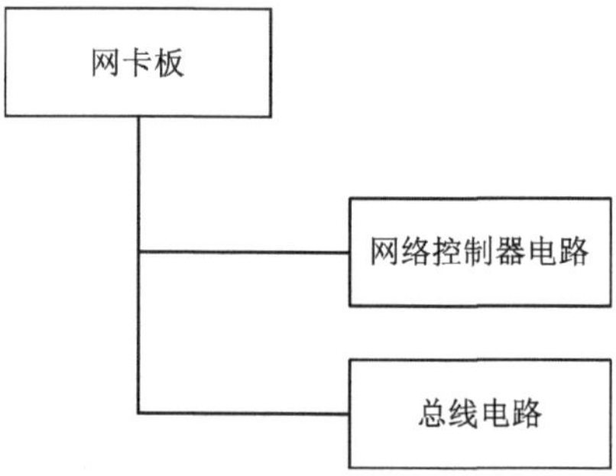

网卡板

网络控制器电路

总线电路

图6－1　网卡板结构图

6.2　设计功能框图

6.2.1　创建原理图

新建一个文件夹，命名为“NET_3U”。创建一个工程文件，命名为“NET_3U. PrjPCB”，并保存在“NET_3U”文件夹内。在工程里创建原理图，命名为“NET_3U. SchDoc”并保存。如图6－2所示。

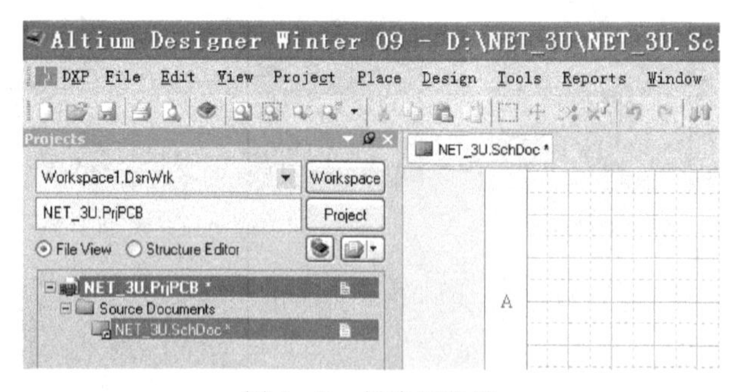

图6－2　创建原理图

6.2.2　放置“图纸符号”

(1)执行菜单命令“Place\Sheet Symbol”，或者点击工具栏中按钮，启动放置图纸符号命令。

(2)图纸符号随鼠标移动，单击Tab键可以编辑图纸符号的属性，如图6－3所示。

①Designator 对应的是图纸符号的名称，设置为“82551”。

②Filename 对应的是图纸符号代表的原理图文件的名称，设置为“82551. SchDoc”。

③完成后点击“OK”按钮。

(3)图纸符号随鼠标移动，单击鼠标左键确定其顶点的位置；移动鼠标，图纸符号大小随鼠标位置变化；调整大小后，单击鼠标左键完成放置。图纸符号可以连续放置，完成后单击鼠标右键结束。放置好的图纸符号如图 6 - 4 所示。

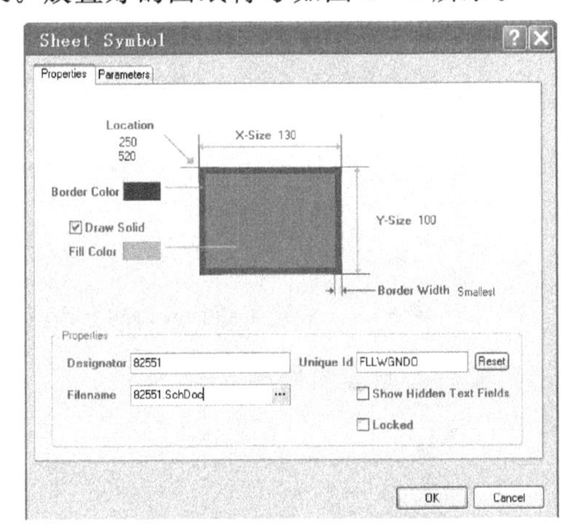

图 6 - 3　图纸符号属性

图 6 - 4　放置好的图纸符号

(4)用相同的方法，放置另一个图纸符号。Designator 设置为“CPCI”，Filename 设置为“CPCI. SchDoc”。完成后原理图如图 6 - 5 所示。

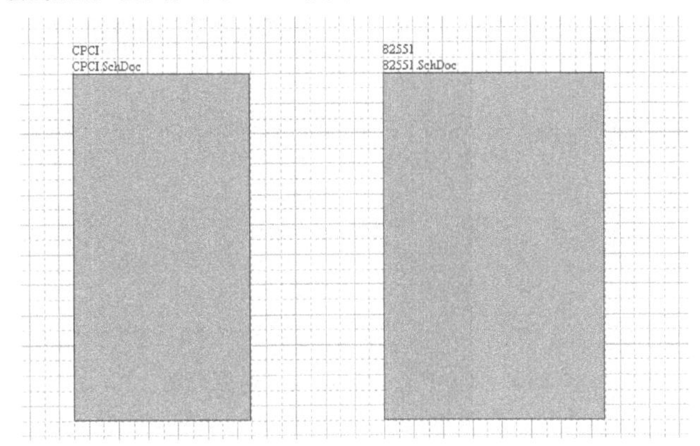

图 6 - 5　全部的图纸符号

6.2.3　放置图纸入口

图纸符号之间通过图纸入口连接，因此需要在每个图纸符号上放置图纸入口，名字相同的图纸入口连接在一起。具体使用步骤如下：

(1)执行菜单命令“Place\add sheet entry”，或者点击工具栏中按钮，启动放置图纸入口命令。

(2)图纸入口随鼠标移动，单击 Tab 键打开图纸入口属性对话框，按照图 6 - 6 设置 name

属性，点击“OK”按钮关闭对话框。

(3)将图纸入口移动到图纸符号中，单击鼠标左键确定其位置。图纸入口可以连续放置，完成后单击鼠标右键结束。放置好的图纸入口如图 6－7 所示。

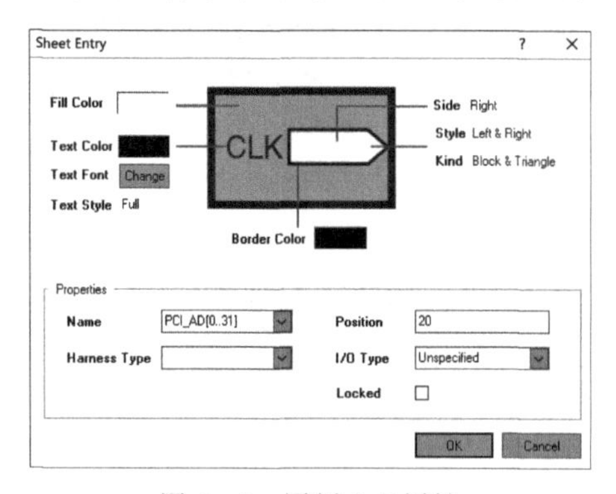

图 6－6 图纸入口属性

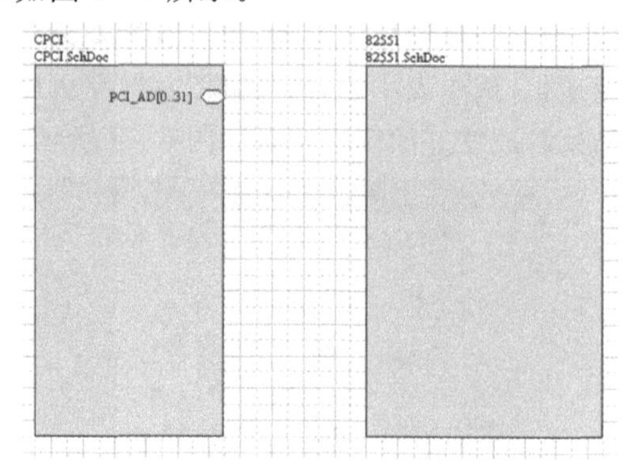

图 6－7 放置了图纸入口的原理图

(4)按照同样的方法放置其他图纸入口。完成后的原理图如图 6－8 所示。

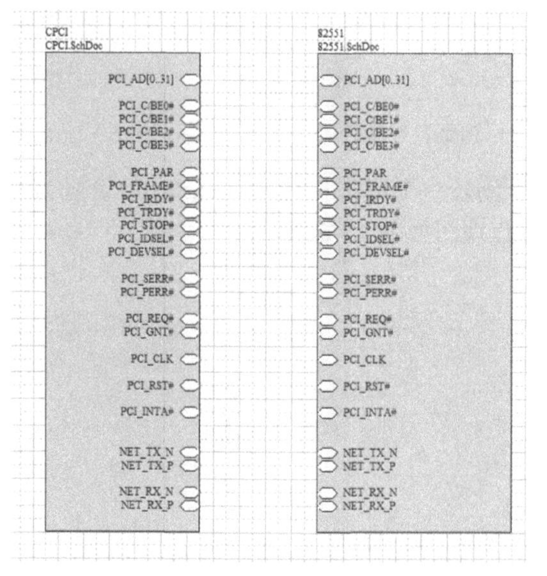

图 6－8 放置完图纸入口的原理图

6.2.4 连线

将名字相同的图纸入口用导线连接，功能框图设计完成。完成后的原理图如图 6－9 所示。需要注意的是，PCI_AD[0..31]代表的是一组总线，因此需要用总线连接。

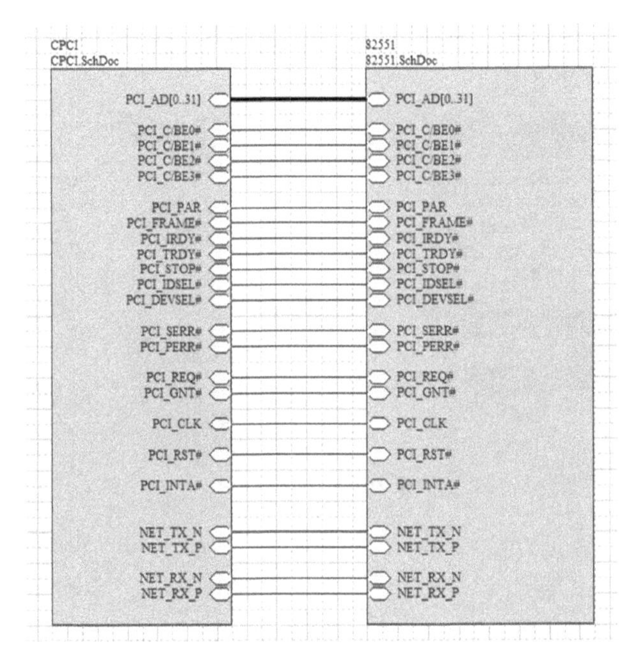

图 6-9　完成的功能框图

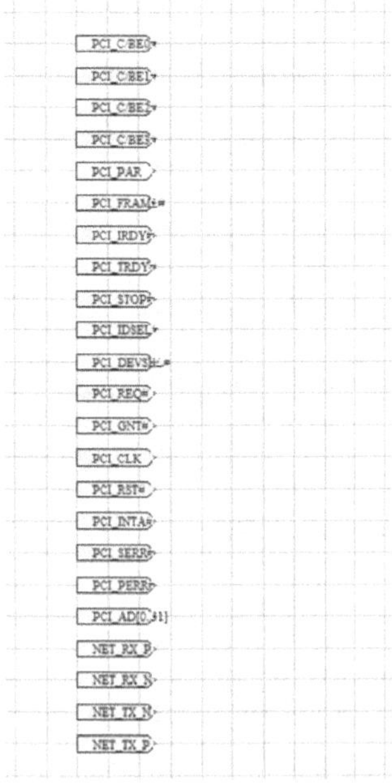

图 6-10　自动创建的子电路原理图

6.3　创建子电路原理图

6.3.1　由图纸符号创建原理图

(1)执行菜单命令“Design\Creat Sheet From Sheet Symbol”,原理图上出现光标,随鼠标移动。

(2)将光标移动到图纸符号 CPCI 上,单击鼠标左键,软件会自动生成与该图纸符号对应的原理图。原理图名称为“CPCI. SchDoc”,与图纸符号属性中定义的一样,原理图中自动放置了与图纸符号入口相对应的端口,如图 6-10 所示。

(3)按照相同方法创建 82551. SchDoc,如图 6-11 所示。

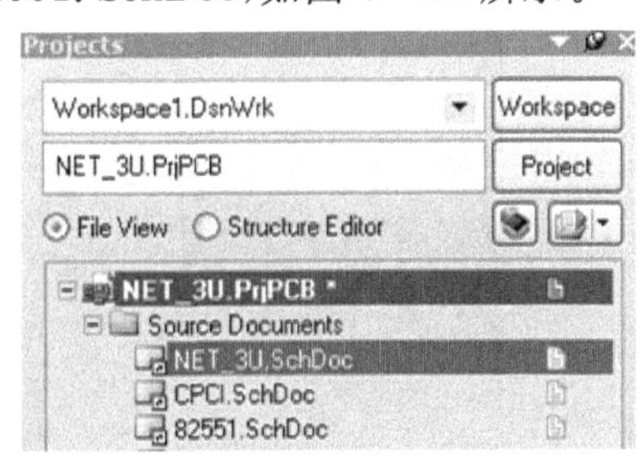

图 6-11　自动创建完的原理图

6.3.2　调整电路图层次关系

在顶层原理图(功能框图)中执行菜单命令“Tool\Up Down Hierarchy”,光标随鼠标移动，同时左边 Project 面板中原理图变为层次结构。如图 6－12 所示。将光标移动到某一个图纸符号上，单击左键，原理图自动切换到子电路图。

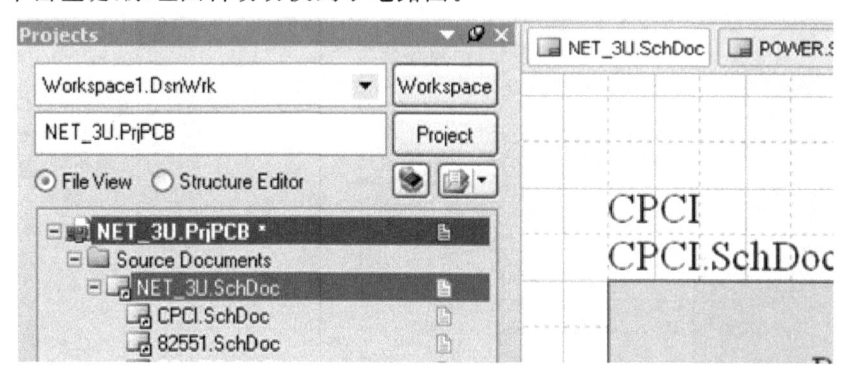

图 6－12　调整好层次关系的原理图

6.4　设计子电路原理图

6.4.1　调节端口大小

由图 6－10 可以看到，自动生成的端口长度较小，放不下完整的端口名，可以调节其大小。具体步骤如下：

(1)选中端口，端口会被绿色的虚线框住，如图 6－13 所示。

(2)将鼠标挪动到虚线框左右两端的绿色点上，鼠标变成箭头。

(3)按住鼠标左键，端口的一侧随箭头移动，松开鼠标，端口大小固定。调整后的端口如图 6－14 所示。

图 6－13　选中端口　　　图 6－14　调整后的端口

6.4.2　绘制电路图

按照第 3 章中的方法绘制 CPCI 子电路图，完成后如图 6－15 所示。图中所用的 JP1、JP2 为 CPCI 插座，其原理图符号和 PCB 封装需要自行设计。

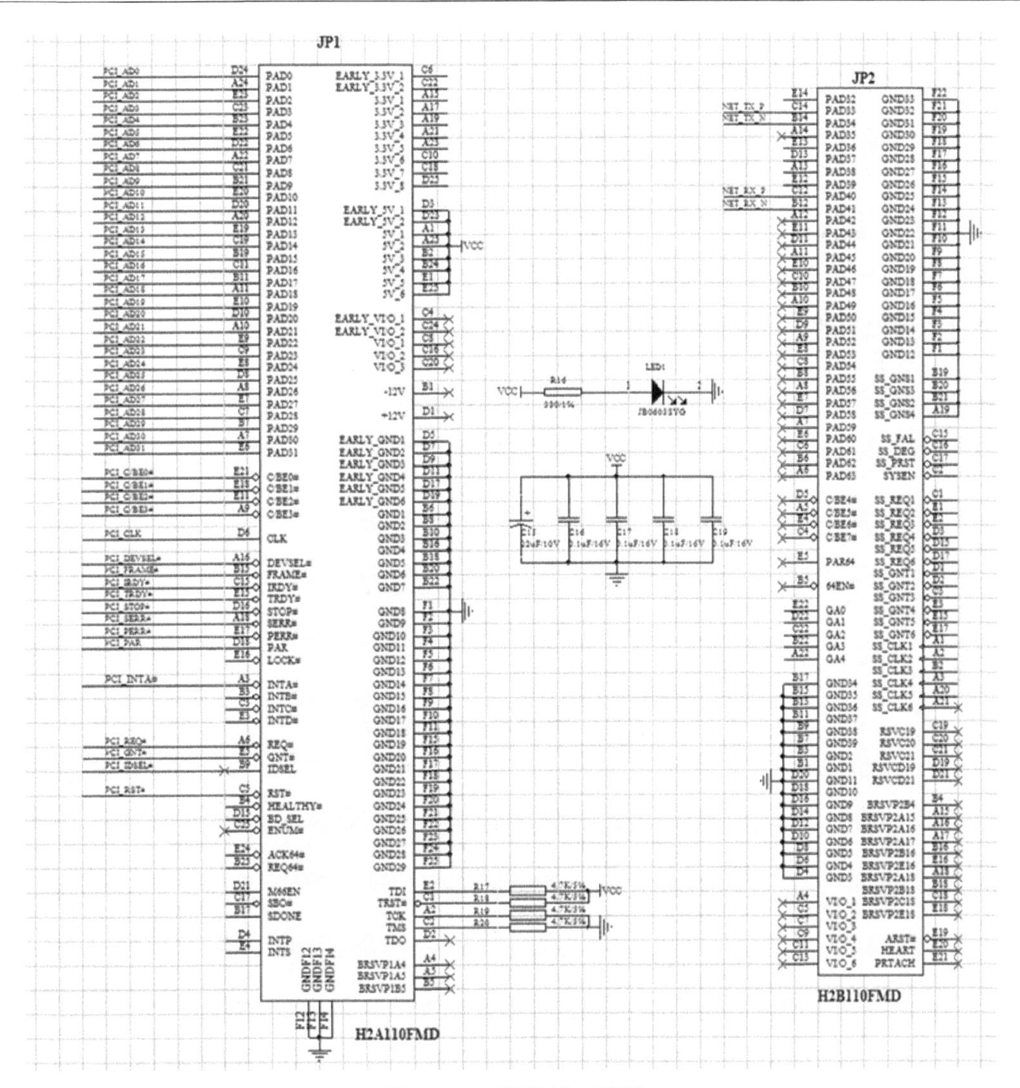

图6-15　CPCI子电路图

6.4.3　一般端口连接

除端口“PCI_AD[0..3]”外，移动端口，将其与对应的导线连接，如图6-16所示。

图6-16　一般端口与导线连接后的原理图

6.4.4 总线端口连接

总线的概念第3章中已经介绍过，PCI_AD0～PCI_AD31 就是一组总线，需与总线端口“PCI_AD[0..31]”连接。具体步骤如下：

1. 放置“总线入口”

执行菜单命令“Place\Bus entry”，或者点击工具栏中按钮，启动放置总线入口命令。总线入口随鼠标移动，总线入口移动到导线时，会出现红色十字光标，如图 6-17 所示。单击鼠标左键确定其位置，此时光标上还粘附着下一个可放置的图纸入口，可以继续放置，也可以单击鼠标右键取消。放置好的图纸入口如图 6-18 所示。

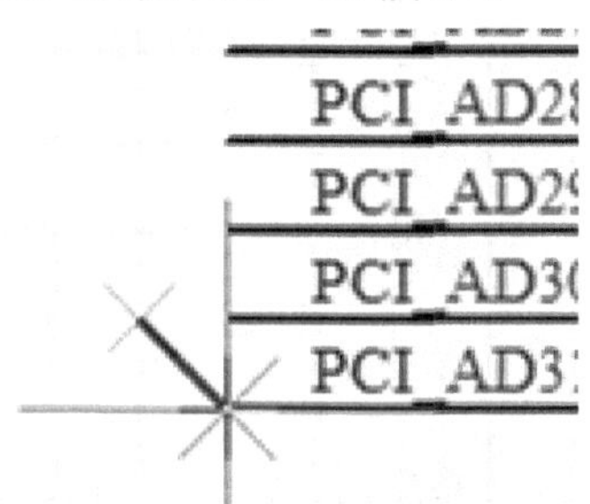

图 6-17 放置第一个总线入口

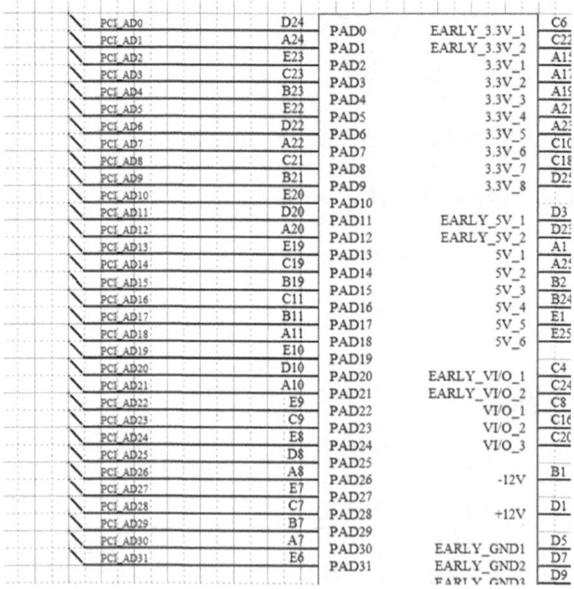

图 6-18 放置完总线入口

2. 连接“总线”

执行菜单命令“Place\Bus”，或者点击工具栏中按钮，启动放置 Bus 线命令。总线的画法与导线基本相同。需要注意的是，总线必须与所有总线入口连接，完成后的总线如图 6-19 所示。给总线上放置网络标签“PCI_AD[0..31]”，并与端口连接，如图 6-20 所示。完成后的

CPCI 子电路如图 6 - 21 所示。按照相同的方法设计 82551 子电路图，完成的电路图如图 6 - 22所示。

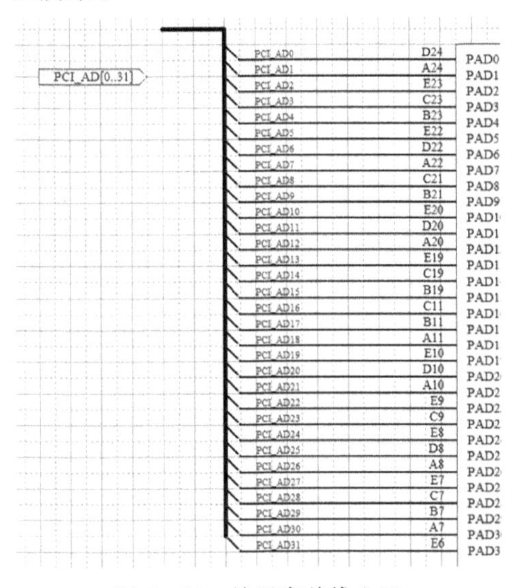

图 6 - 19　放置完总线入口

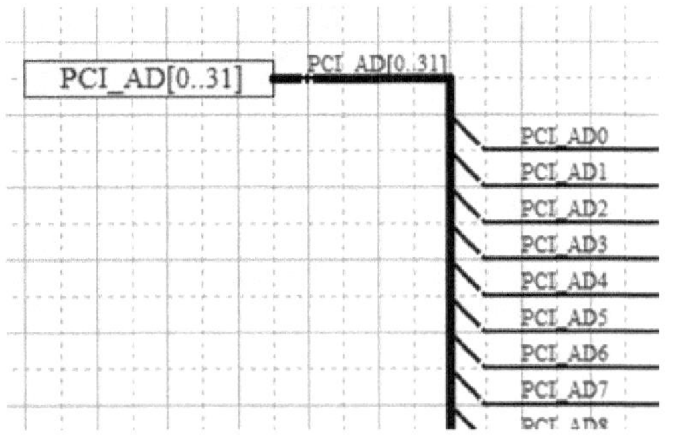

图 6 - 20　放置总线网络标签

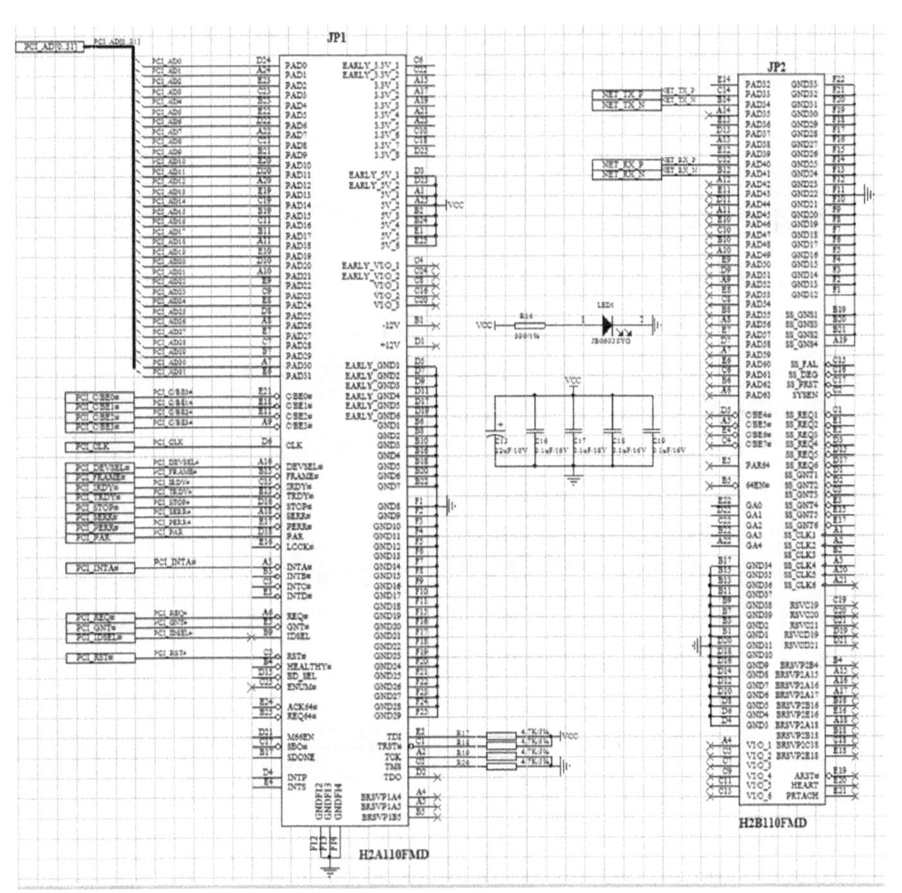

图 6 - 21　完成的 CPCI 子电路图

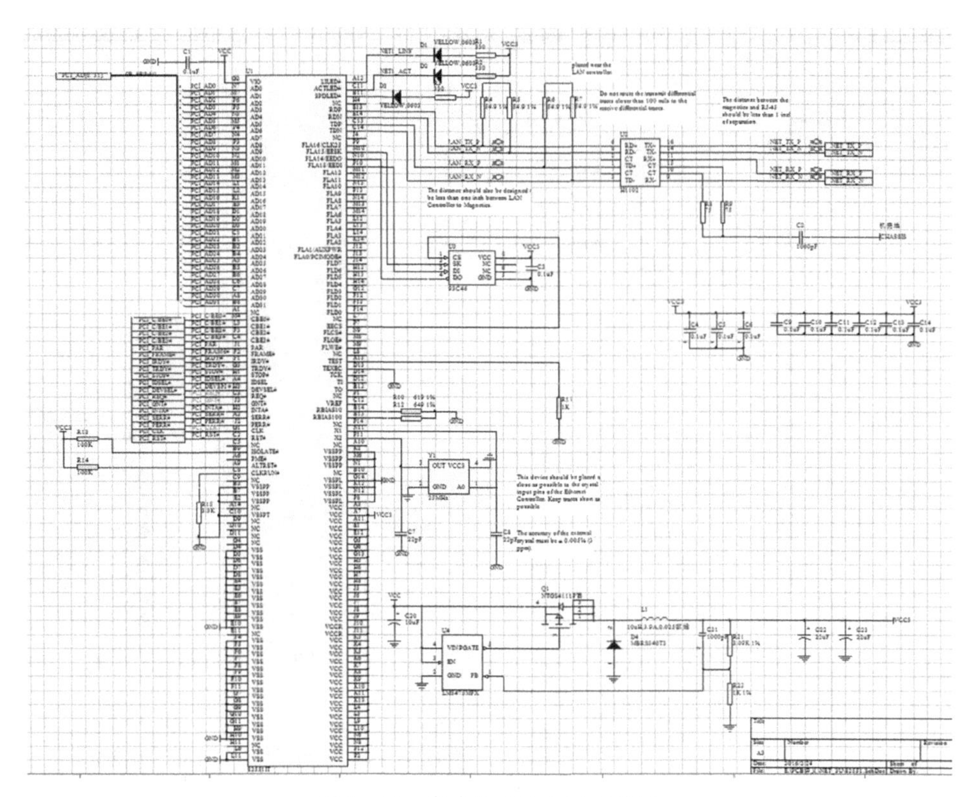

图 6-22 完成的 82551 子电路图

6.4.5 放置差分对标志

差分线对：一对存在耦合的传输线，一根携带信号，另一根携带它的互补信号。

定义差分线对的网络名称时，名称前缀应相同，后缀分别为“_N”(代表 negative，负信号)和“_P”(代表 positive，正信号)。在 PCB 布线时，应尽量保证这差分线对“等长、等距”，为此在原理图设计时就应该在导线上放置差分对标志。

82552IT 子电路图中，82551 到 H1102 的两对网络信号，H1102 到 CPCI 插座的两对网络信号都是差分线对。放置差分对标志的过程如下：

(1)执行菜单命令“Place\Directives\Differential Pair”，启动放置差分对标志命令。

(2)差分对标志随鼠标移动，当移动到导线时，会出现红色十字光标，如图 6-23 所示。单击鼠标左键确定其位置，此时光标上还粘附着下一个可放置的差分对标志，可以继续放置，也可以单击鼠标右键取消。放置好的差分对标志如图 6-24 所示。

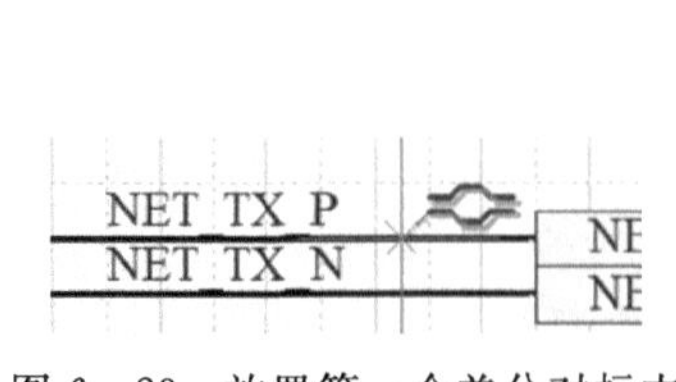

图 6-23 放置第一个差分对标志

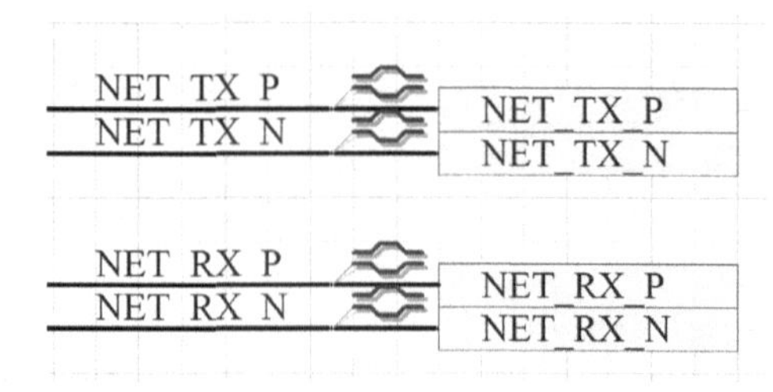

图 6-24 放置完差分对标志

6.5　编译原理图

保存整个工程，执行菜单命令“Project\Compile PCB Project NET_3U. PrjPCB”，编译整个工程。

第 7 章　复杂电路 PCB 设计

本书第 5 章介绍了简单电路的 PCB 设计方法。对于复杂的电路，PCB 设计会涉及更多的技巧和方法。本章以网卡板为例，按照模块化设计原则，详细介绍复杂电路板 PCB 的设计流程和方法，以及 BGA 元件封装设计、BGA 元件布线、蛇形线布线、差分线布线以及内电层割层等内容。

7.1　BGA 封装设计

球栅阵列封装(Ball Grid Array Package)简称为 BGA 封装，是大规模集成电路封装的一种。BGA 封装的元件引脚以圆形或柱状焊点按阵列形式分布在封装下面，如图 7－1 所示。

本节以 82551 网络控制器为例，介绍 BGA 封装的设计方法。

图 7－1　BGA 封装

7.1.1　建立 PCB 封装库文件

在工程中创建 PCB 封装库文件，文件名为“NET_3U. PcbLib”，保存文件。

7.1.2　确定 PCB 封装参数

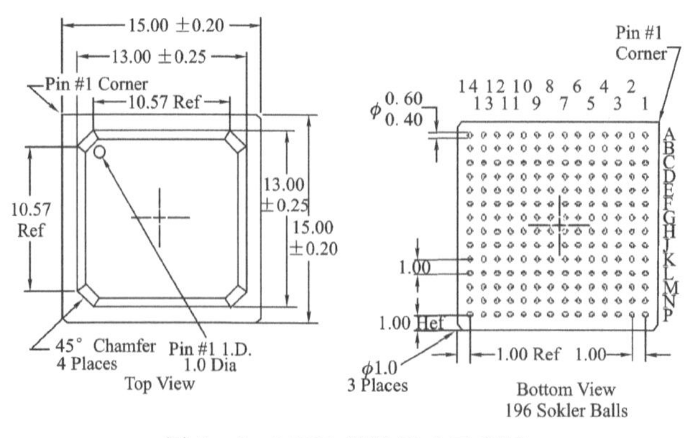

图 7－2　82551 封装尺寸示意图

BGA 元件的 PCB 封装关键参数包括：焊盘中心距、焊盘直径和焊盘排列方式等。

图 7-2 是 82551 网络控制器手册中提供的封装尺寸示意图。由图看出 82551 的焊球中心距是 1.00 mm，焊球直径在 0.4 mm～0.6 mm。底视图周围的 ABCD 和 1234 等用于给焊球(引脚)命名，右上角焊球为 A1。

BGA 封装焊盘直径应小于或等于元件焊球直径，本例中选择 0.55 mm 为焊盘直径。焊盘中心距应与焊球中心距相等，设为 1.00 mm。

图 7-2 底视图是从元件焊接面去观察的，A1 在右上角；而 PCB 封装中焊盘的布局应从元件正面观察，与底视图布局呈镜像关系，A1 应在左上角。

7.1.3　使用向导设计 BGA 封装

1. 打开向导

打开保存好的库文件 NET_3U. PcbLib，执行菜单命令“Tools\Component Wizard...”打开封装向导，如图 7-3 所示。

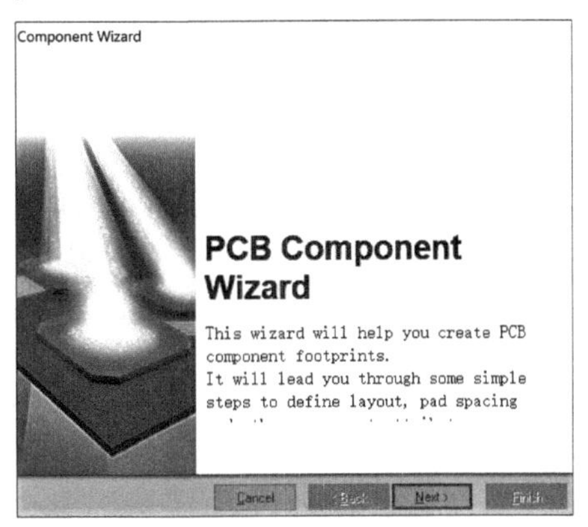

图 7-3　打开封装向导

2. 选择封装类型

点击“Next>”按钮，进入下一页，选择封装类型，如图 7-4 所示。图中列出了常见的一些封装种类，选择“Ball Grid Arrays(BGA)”。尺寸单位选择“Metric(mm)”。

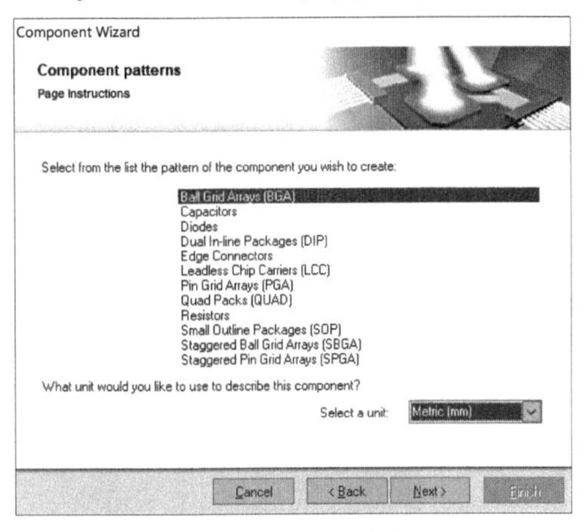

图 7-4　选择封装类型

3. 确定焊盘直径

点击“Next>”按钮，进入下一页，焊盘直径设为 0.55 mm，如图 7-5 所示。

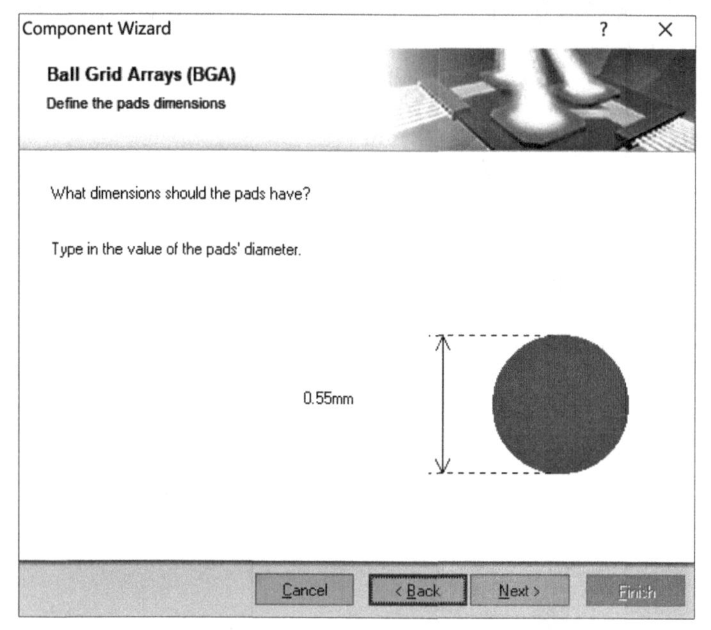

图 7-5 确定焊盘直径

4. 设置焊盘的中心距

点击“Next>”按钮，进入下一页，焊盘的中心距设为 1 mm，如图 7-6 所示。

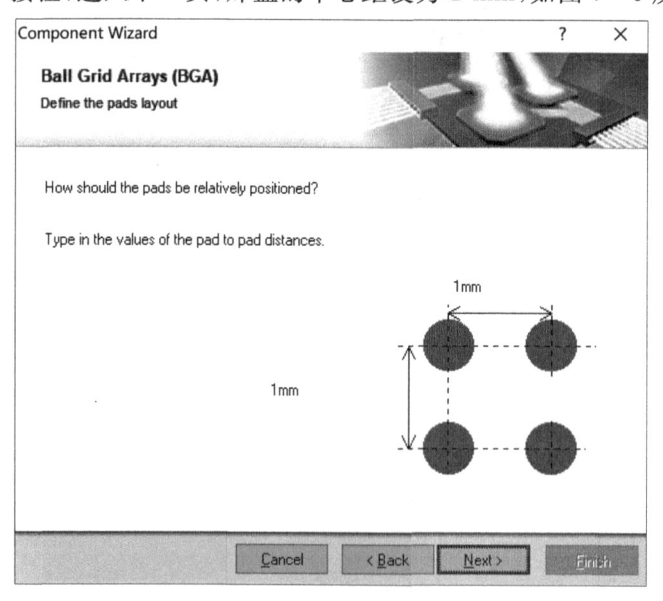

图 7-6 焊盘的中心距

5. 设置元件轮廓的线宽

点击“Next>”按钮，进入下一页，元件轮廓的线宽设为 0.2 mm，如图 7-7 所示。

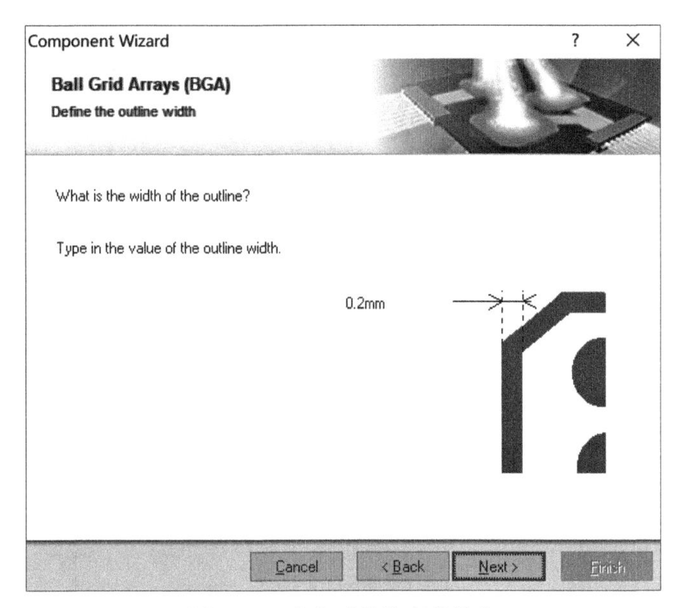

图 7－7　确定元件轮廓的线宽

6. 设置管脚命名方式

点击“Next>”按钮，进入下一页，确定管脚的命名方式。BGA 封装管脚有两种命名方式，一种是纯数字(Numeric)，另一种是数字和字母组合(Alpha Numeric)，可通过下拉菜单选择，如图 7－8 所示。本例中选择“Alpha Numeric”。

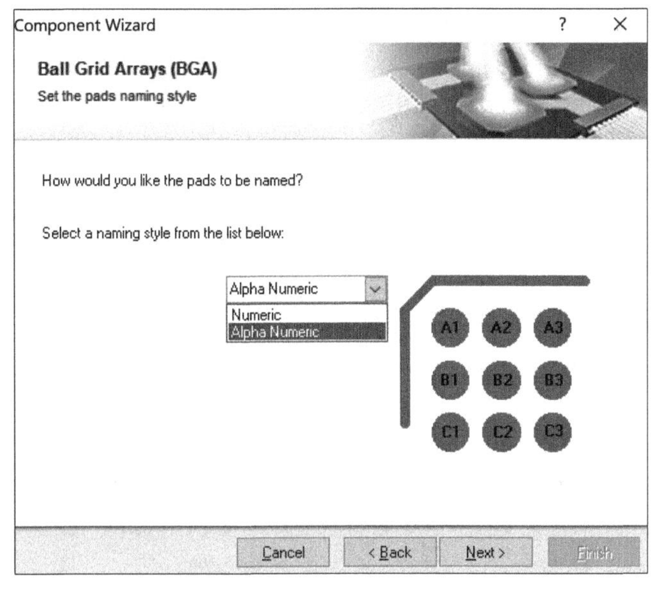

图 7－8　确定管脚命名方式

7. 确定管脚排列方式

BGA 管脚排列有多种方式，可通过图中的四个数字来选择。本例选择的参数如图 7－9 所示。

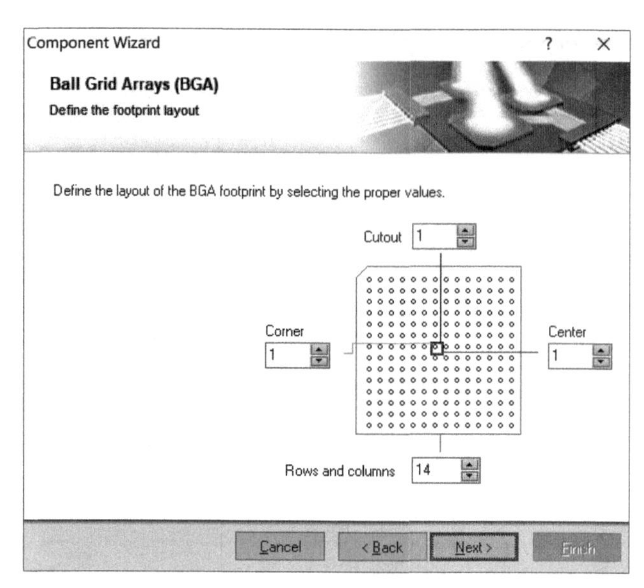

图 7-9 确定管脚排列方式

8. 命名

点击“Next>”按钮，进入下一页，确定元件的名称。在对话框内填入“BGA196”，如图 7-10所示。

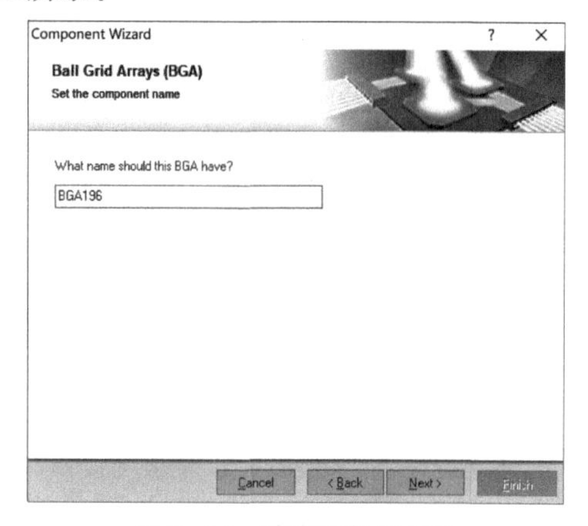

图 7-10 确定元件的名称

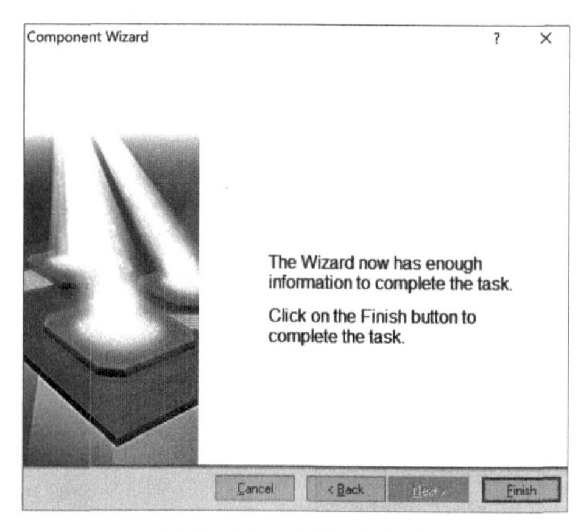

图 7-11 封装已完成

9. 完成封装模型的建立

点击“Next>”按钮，进入下一页，如图 7-11 所示，对话框提示封装已完成，点击“Finish”按钮结束封装设计，工作区会出现已建立好的封装 BGA196，如图 7-12 所示。然后保存库文件。

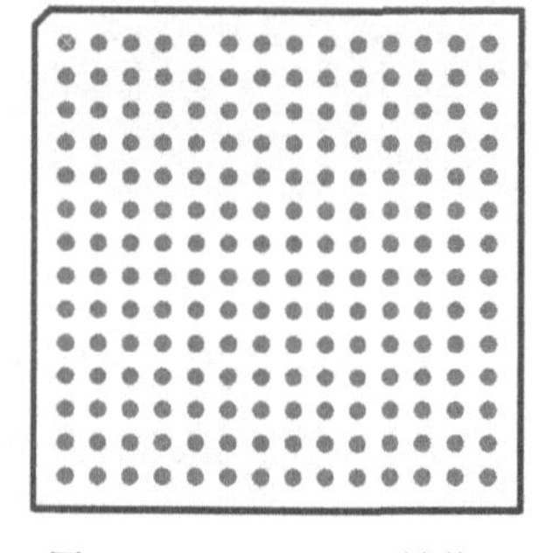

图 7-12 BGA196 封装

7.2 建立 PCB 文件并导入网络

新建 PCB 文件，命名为“NET_3U. PcbDoc”，保存文件。导入原理图，点击“Validate Changes”查错时，对话框会提示导入差分对失败，如图 7－13 所示。这是因为软件认为应该先导入信号网络，再定义其为差分对。

不用管这个错误提示，直接点击“Execute Changes”开始导入。在导入的过程中，软件会按照顺序先导入网络，然后定义差分对，这时就不会出错了，如图 7－14 所示。

Engineering Change Order

Modifications

Enable	Action	Affected Object		Affected Document	Check	Done	Message
✔	Add	PCI_SERR#	To	PCB1.PcbDoc			
✔	Add	PCI_STOP#	To	PCB1.PcbDoc			
✔	Add	PCI_TRDY#	To	PCB1.PcbDoc			
✔	Add	VCC3	To	PCB1.PcbDoc			
✔	Add	VCC	To	PCB1.PcbDoc			
Remove Differential Pair(4)							
✔	Remove	LAN_RX	From	PCB1.PcbDoc			
✔	Remove	LAN_TX	From	PCB1.PcbDoc			
✔	Remove	NET_RX	From	PCB1.PcbDoc			
✔	Remove	NET_TX	From	PCB1.PcbDoc			
Add Component Classes(2)							
✔	Add	82551	To	PCB1.PcbDoc			
✔	Add	CPCI	To	PCB1.PcbDoc			
Add Net Classes(1)							
✔	Add	PCI_AD[0..31]	To	PCB1.PcbDoc			
Add Differential Pair(4)							
✔	Add	LAN_RX	To	PCB1.PcbDoc			Net(s) Not Found in Differential Pair LAN_
✔	Add	LAN_TX	To	PCB1.PcbDoc			Net(s) Not Found in Differential Pair LAN_
✔	Add	NET_RX	To	PCB1.PcbDoc			Net(s) Not Found in Differential Pair NET
✔	Add	NET_TX	To	PCB1.PcbDoc			Net(s) Not Found in Differential Pair NET
Add Rooms(2)							
✔	Add	Room 82551 (Scope=InComponentClass('82551')) TopLayer		PCB1.PcbDoc			
✔	Add	Room CPCI (Scope=InComponentCl	To	PCB1.PcbDoc			

Validate Changes　Execute Changes　Report Changes...　Only Show Error　Close

图 7－13　导入网络点击“Validate Changes”

Engineering Change Order

Modifications

Enable	Action	Affected Object		Affected Document	Check	Done	Message
✔	Add	PCI_SERR#	To	PCB1.PcbDoc	✔	✔	
✔	Add	PCI_STOP#	To	PCB1.PcbDoc	✔	✔	
✔	Add	PCI_TRDY#	To	PCB1.PcbDoc	✔	✔	
✔	Add	VCC3	To	PCB1.PcbDoc	✔	✔	
✔	Add	VCC	To	PCB1.PcbDoc	✔	✔	
Remove Differential Pair(4)							
✔	Remove	LAN_RX	From	PCB1.PcbDoc	✔	✔	
✔	Remove	LAN_TX	From	PCB1.PcbDoc	✔	✔	
✔	Remove	NET_RX	From	PCB1.PcbDoc	✔	✔	
✔	Remove	NET_TX	From	PCB1.PcbDoc	✔	✔	
Add Component Classes(2)							
✔	Add	82551	To	PCB1.PcbDoc	✔	✔	
✔	Add	CPCI	To	PCB1.PcbDoc	✔	✔	
Add Net Classes(1)							
✔	Add	PCI_AD[0..31]	To	PCB1.PcbDoc	✔	✔	
Add Differential Pair(4)							
✔	Add	LAN_RX	To	PCB1.PcbDoc	✔	✔	Net(s) Not Found in Differential Pair LAN_
✔	Add	LAN_TX	To	PCB1.PcbDoc	✔	✔	Net(s) Not Found in Differential Pair LAN_
✔	Add	NET_RX	To	PCB1.PcbDoc	✔	✔	Net(s) Not Found in Differential Pair NET
✔	Add	NET_TX	To	PCB1.PcbDoc	✔	✔	Net(s) Not Found in Differential Pair NET
Add Rooms(2)							
✔	Add	Room 82551 (Scope=InComponentC	To	PCB1.PcbDoc	✔	✔	
✔	Add	Room CPCI (Scope=InComponentCl	To	PCB1.PcbDoc	✔	✔	

Validate Changes　Execute Changes　Report Changes...　Only Show Error　Close

图 7－14　导入网络点击“Execute Changes”

7.3　板层设置

7.3.1　规划板层

对于复杂的电路板，由于 PCB 上焊盘多，导线也多，为了便于布线，往往需要增加信号层和内电层。按照本书 5.5.1 节第 3 部分中的方法将电路板设为 6 层板：4 个信号层、2 个内电层，如图 7－15 所示。

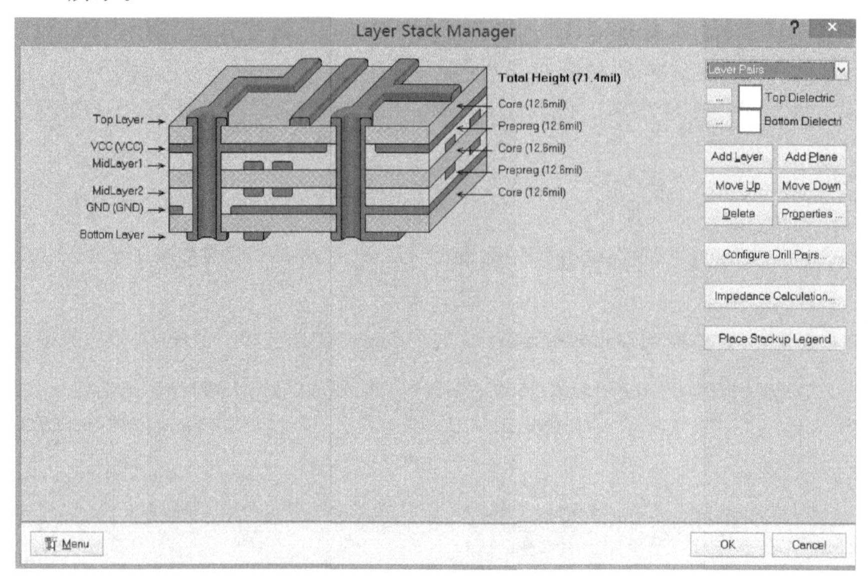

图 7－15　规划板层

7.3.2　内电层设置

内电层：与信号层不同，它默认的初始状态是一层有网络定义的铜面，当有相同网络定义的焊盘或过孔穿过它时，软件默认内电层与之连通。

内电层上也可以布线，但与信号层的布线意义相反，线代表去铜（没有铜）的轨迹。内电层通过特定的方法可以分割为两个不同网络的铜面，这个后续章节会做详细介绍。

本例中 PCB 上有三种电源网络：GND、VCC、VCC3。VCC、VCC3 分别表示的是直流电源 5 V 和 3.3 V，GND 表示的是地。本例中设计两个内电层，一个网络定义为 VCC，另一个网络定义为 GND，VCC3 没有定义。后面会把 VCC 内电层分割为 VCC 和 VCC3 两部分。

电源信号可以通过内电层来导通。电源网络的焊盘布线根据焊盘种类不同分为两种情况：

（1）孔焊盘：不用布线，软件默认其与相同网络定义的内电层导通。

（2）标贴焊盘：从焊盘引出导线就近打过孔，通过过孔与内电层导通。

7.4　PCB 板设置

7.4.1　调节 Board Shape

网卡板外形尺寸为 100 mm×160 mm，按照尺寸在机械层设置物理边界。

画好物理边界的 PCB 如图 7－16 所示。图中黑色的方框背景是 PCB 生成时自带的 Board Shape 背景。Board Shape 功能也可以用来定义版型，其大小可调节，具体方法如下：

（1）选中在机械层画好的物理边框。

（2）执行菜单命令“Design\Board Shape\Define from selected objects”，Board Shape 就自

动调整为与边框大小相同，如图 7－17 所示。

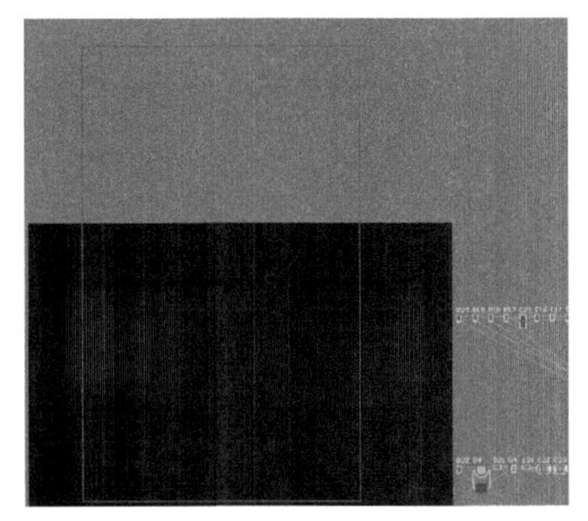

图 7－16　绘制物理边界

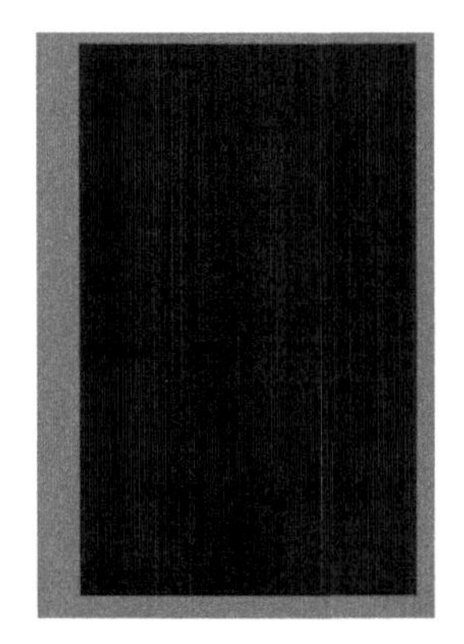

图 7－17　调整 Board Shape

（3）Board Shape 的颜色可调。键盘输入“L”，打开“View Configurations”对话框，右侧“System Colors”选项中可以设置其颜色。

注意：为保证图的清晰度，本章一部分图在截图时将 BoardShape 调整为白色。

7.4.2　设置电气边界

为方便网卡板后续安装锁紧装置，其电气边界与物理边界保持一定的距离，且距离左右对称，具体尺寸（单位为 mm）如图 7－18 所示。

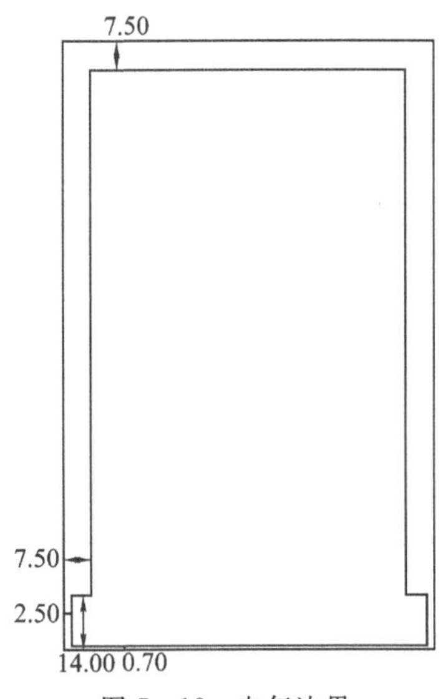

图 7－18　电气边界

7.4.3　其他设置

（1）网络分类：将 VCC、VCC3、GND 定义为 POWER 类网络。

（2）设置规则：①设定 Clearance（安全距离）为 5 mil（约 0.1270 mm）。②设置所有网络的默认线宽为 6 mil（约 0.1524 mm）；设置 POWER 类网络的默认线宽为 15 mil（约 0.3810 mm）。③设定过孔的外径最小为 18 mil（约 0.4572 mm），最大为 50 mil（约 1.2700 mm），默认为

20 mil(约 0.5080 mm);设定过孔的孔径最小为 10 mil(约 0.2540 mm),最大为 28 mil(约 0.7112 mm),默认为 12 mil(约 0.3048 mm)。

7.5 PCB 板主体布局

复杂的电路板往往无法将元件一步放置到位,通常是根据元件的大小,是否是核心元件以及信号的流向等将元件放置进电气边界内,然后再在布线时根据需要对其进行调整。

本例中最核心、最大的元件是大规模集成电路 82551 和两个 CPCI 接插件。先根据它们的信号飞线来放置这三个主元件,然后根据它们的位置放置除 BGA 滤波电容外的辅助电路和阻容等,完成后的布局如图 7-19 所示。

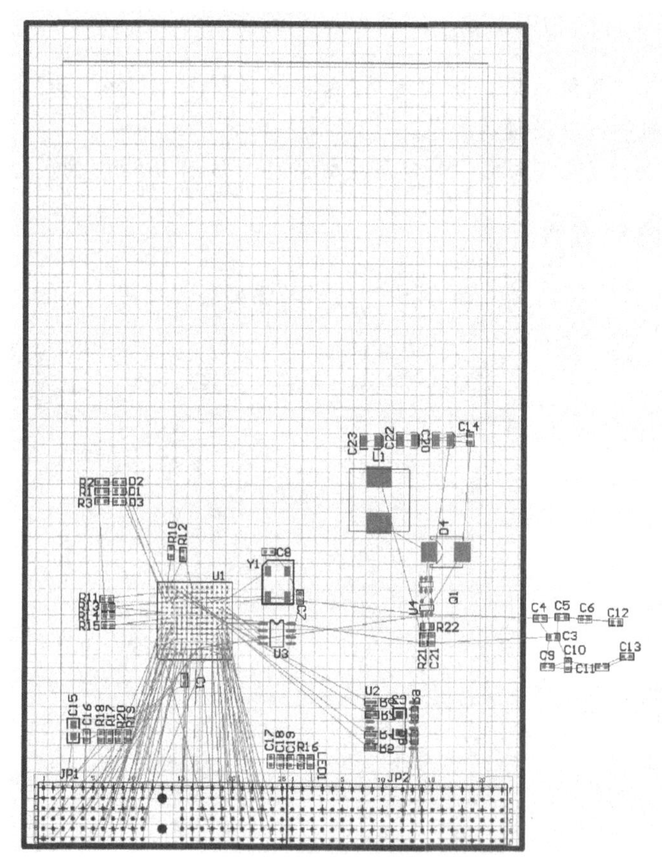

图 7-19 放置大部分元元件

7.6 BGA 过孔设计

7.6.1 设计过孔

BGA 封装的引脚较多且密,为了便于与其他元件连线,一般先从 BGA 焊盘引出导线并就近打过孔,步骤如下:

(1)确定位置:过孔应放置在焊盘间的中心位置上。本例中焊盘中心距为 1 mm,因此过孔与周围焊盘的中心距为 0.5 mm。

(2)更改 Snap Grid(捕获网格):为保证焊盘的位置准确,将 Snap Grid 设为“0.5 mm”。

(3)将 BGA 的一个焊盘设为 PCB 的坐标零点。

(4)以 BGA 的焊盘为起点画导线,将线拉到焊盘间时,单击鼠标左键确定终点;点击键盘 * 键放置过孔;单击鼠标左键确定,单击鼠标右键结束。至此一个过孔放置完成,如图 7-20所示。

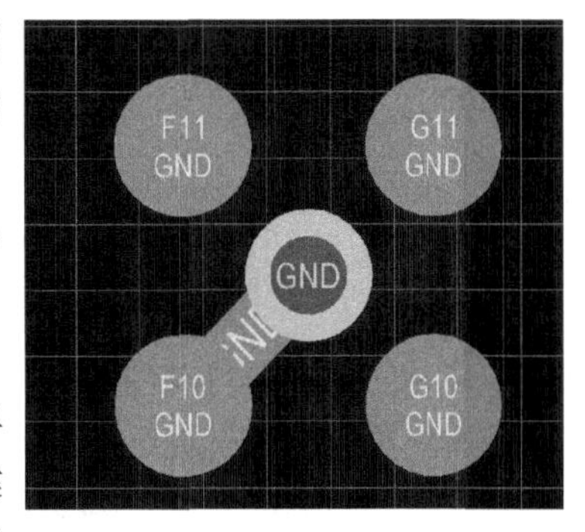

图 7-20　放置第一个过孔

可按照上述方法给 BGA 有网络定义的焊盘都画上导线和过孔。

7.6.2 复制过孔

一个一个焊盘去画过孔,比较费时,常用的办法是先画一部分导线和过孔,然后再复制、粘贴。为保证每根导线都能连接到对应焊盘的中心点,复制、粘贴应按以下步骤操作:

(1)选择要复制的导线和过孔。

(2)执行复制命令,将十字光标移动到连接过孔的某个焊盘中心,一般选择最外侧的焊盘,如图 7-21 所示。然后点击鼠标左键确定。

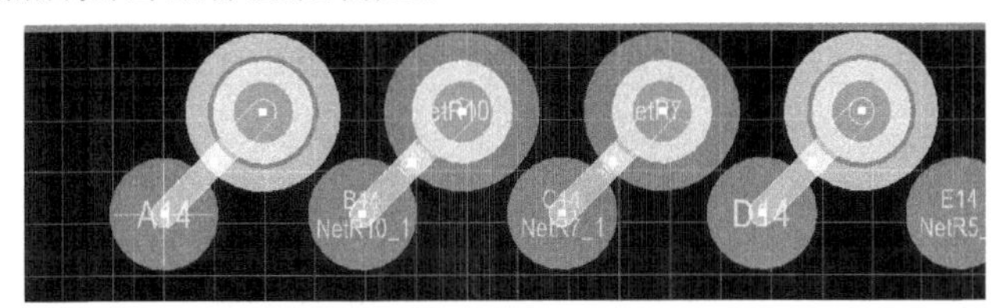

图 7-21　复制过孔

(3)执行粘贴命令,将十字光标移动到要放置过孔的焊盘中心,然后点击鼠标左键确定,如图 7-22 所示。

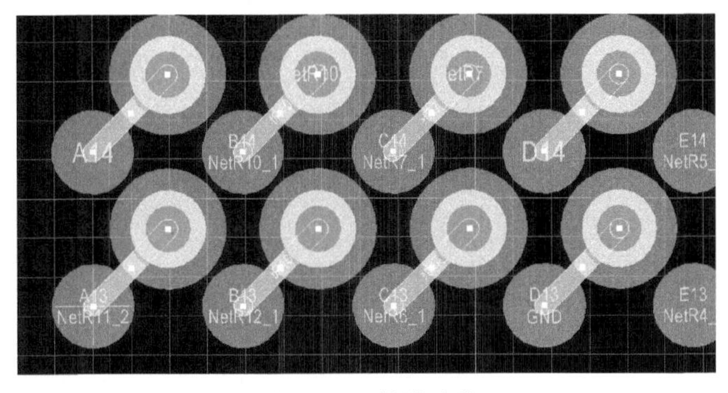

图 7-22　粘贴过孔

(4)全部焊盘放置好过孔后,删掉无网络定义的导线和过孔,如图 7-22 中焊盘 A14、D14 上的导线和过孔。完成后将 Snap Grid 改回原先的设置。

7.7 Find Similar Objects 功能

Find Similar Objects：全局修改功能，通过它可以批量修改 PCB 上的组件。本节以“删除无网络定义的导线”为例，简单介绍其操作方法。

1. 选中一个要修改的对象

选中一个无网络定义的导线，单击鼠标右键，在弹出的菜单中选择“Find Similar Objects...”，打开Find Similar Objects 对话框，如图 7－23 所示。

2. 指定相同属性

本例中选择的是“Top Layer”和“No Net”，这两项后面选项设为“Same”，然后单击“OK”按钮确定。

3. PCB Inspector 面板中修改参数

软件会将所有位于“Top Layer”，同时网络为“No Net”的导线选中，并弹出 PCB Inspector 面板，如图 7－24 所示。在 PCB Inspector 面板中统一修改所有被选中的导线的参数。如：将所有选中导线的网络设为 GND，或者换层。

本例中只需要将它们都删掉，因此可以不对 PCB Inspector 面板做修改。

4. 执行删除指令

在导线都选中的情况下，执行删除指令，删除导线。按照同样的方法删除无网络的过孔。

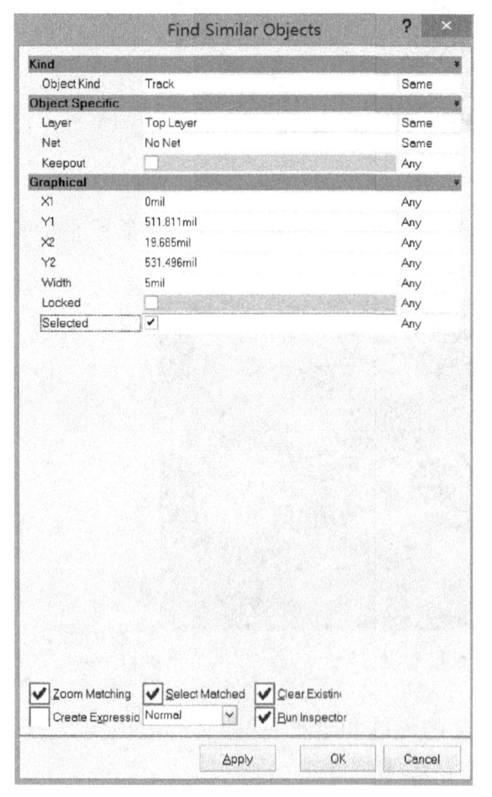

图 7－23 “Find Similar Objects”对话框

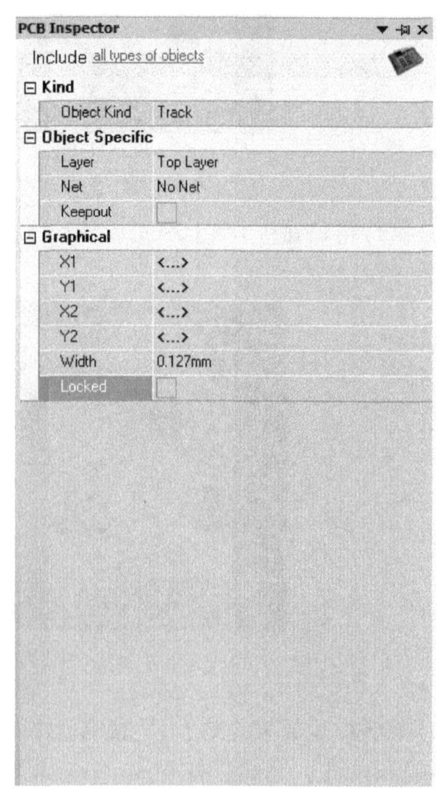

图 7－24 PCB Inspector 面板

7.8　BGA 背后放置电容

BGA 元件的电源管脚较多，且多位于封装的中心位置。为最大程度地实现滤波效果，一般在 BGA 的背面，靠近电源引脚的位置均匀放置滤波电容。

7.8.1　确定 BGA 电源/地引脚的分布

1. 观察 BGA 电源管脚(VCC3)的分布

按住键盘 Ctrl 键，用鼠标左键点击电源管脚，所有相同网络的组件(管脚、导线、过孔等)会出现高亮，如图 7-25 所示。按住键盘 Ctrl 键，用鼠标左键点击在 PCB 空白处，电源管脚(VCC3)的高亮消失。

2. 观察 BGA 接地管脚(GND)的分布

将鼠标挪到 GND 管脚上，所有 GND 的组件(管脚、导线、过孔等)会出现高亮，如图 7-26 所示。与 VCC3 管脚的操作不同的是，鼠标挪开后，GND 管脚的高亮就消失了。

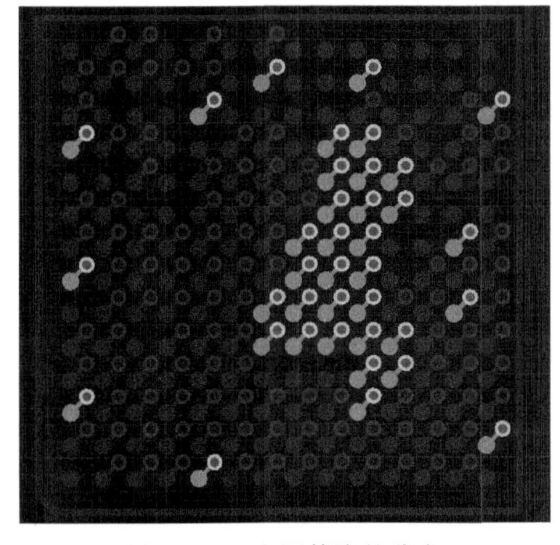

图 7-25　电源管脚的分布

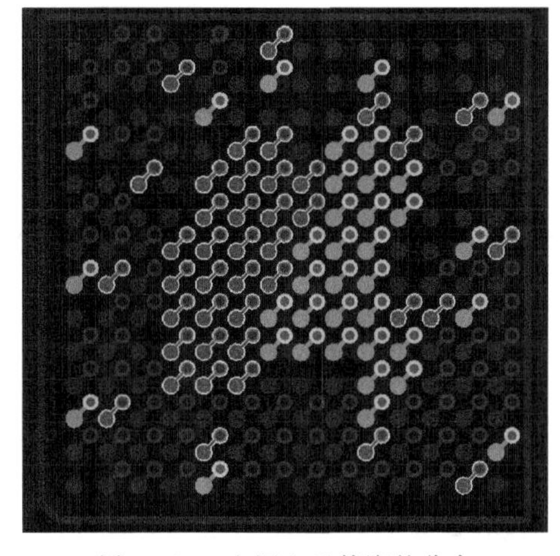

图 7-26　电源和地管脚的分布

7.8.2　设置滤波电容属性

PCB 中元件的属性都可以通过属性对话框进行设置。具体方法如下：

(1)双击滤波电容 C4，打开属性对话框，如图 7-27 所示。元件的位置、元件位号和标称值的位置尺寸、元件的封装等各项属性都可以通过属性对话框来修改。

(2)本例中需要将所有滤波电容放置在 PCB 板背面，因此将属性对话框中元件的“Layer”属性通过下拉菜单改为“Bottom Layer”。

用户也可以使用快捷键修改元件的板层：鼠标左键点住元件，键盘输入“L”。

修改后的滤波电容如图 7-28 所示。

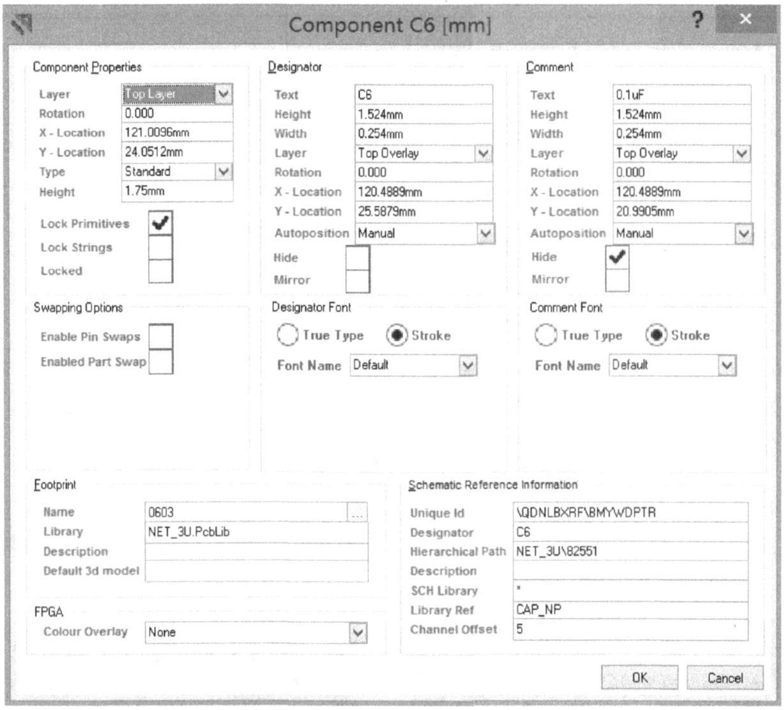

图 7-27　元件属性对话框

(3) PCB 是以正面为视角来进行编辑，因此背面(Bottom Layer)放置的电容位号呈镜像显示。

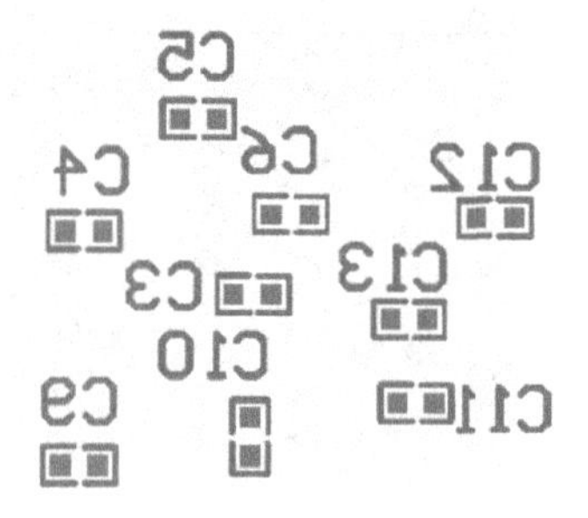

图 7-28　滤波电容更换板层

7.8.3　调整导线和过孔

设计 BGA 过孔时，焊盘的导线都是同一方向，这样过孔间的空间很小，无法放置电容，需要调整 BGA 焊盘上导线的方向和过孔的位置。

调整方法如下：

(1)用鼠标左键点住导线在焊盘上的端点，按空格键旋转导线，如图 7-29 所示。

(2)导线方向调整后，松开鼠标，如图 7-30 所示。

(3)将过孔挪到导线另一端，如图 7-31 所示。

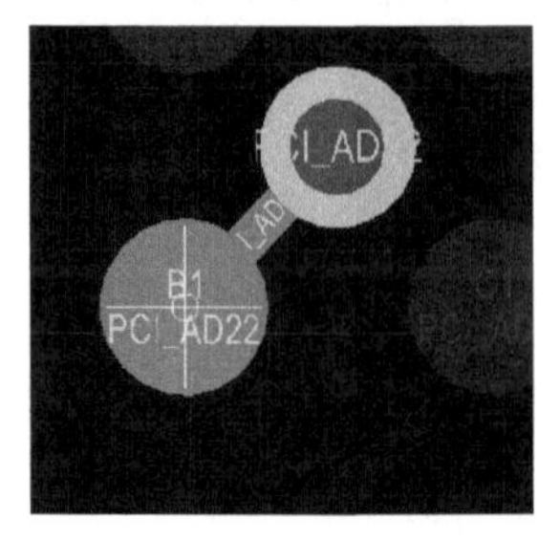

图 7-29　鼠标点住导线

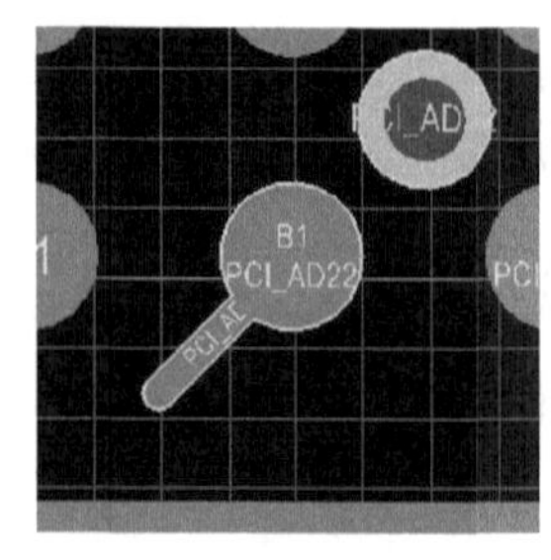

图 7-30　旋转导线

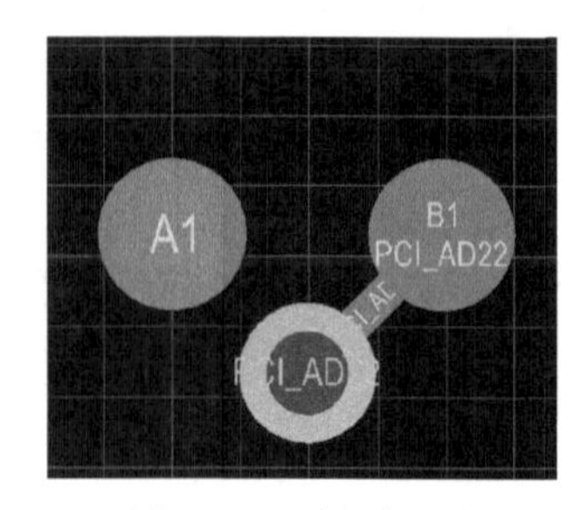

图 7-31　挪动过孔

7.8.4 放置电容

电容放置时应尽量靠近电源引脚和地引脚的过孔，并且在整个 BGA 背面均匀放置，完成后的 PCB 如图 7-32 所示。

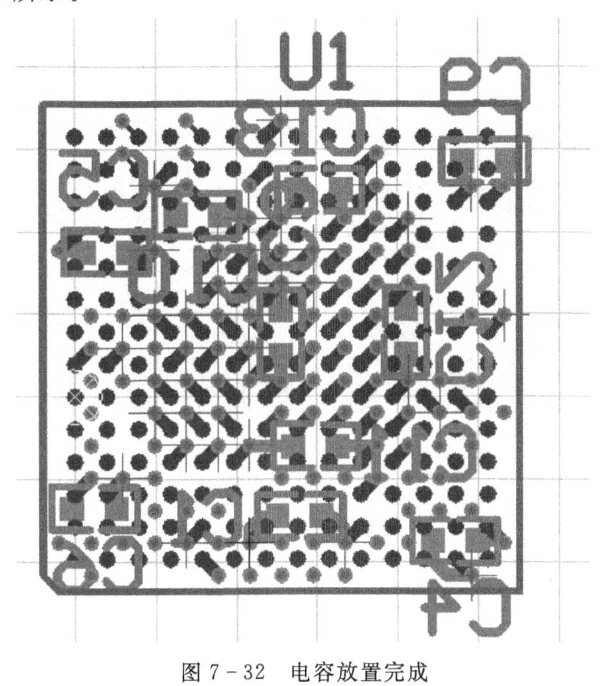

图 7-32　电容放置完成

注意：电容的位置并不是固定不变的，在布线时可以根据实际情况进行调整。

7.9 电路板布线模块划分

对于复杂的 PCB 设计，布线最好遵循模块化原则。本例中根据电路的功能，将电路板分为 6 个模块进行布线：电源转换电路、82551 及其周边电路、变压器电路、CPCI 插座电路、CPCI 总线（82551 与 CPCI 插座之间的连线）、网络信号连线（82551 到变压器的连线、变压器到 CP-CI 插座的连线）。

7.10 电源转换电路布线

7.10.1 调整布局

本例中电源转换电路是一个标准的 BUCK 型 DC-DC，功能是将 5 V 电压转换为 3.3 V 电压。

相比其他电路，DC-DC 的主回路承载的电流较大，会达到安培级，因此布线时主回路导线应该足够宽且尽量短，最好覆铜。

本例中DC-DC的主回路里包括：电感、二极管、MOS管，调整PCB中元件的位置，让这几个元件尽量靠近。完成后的PCB如图7-33所示。

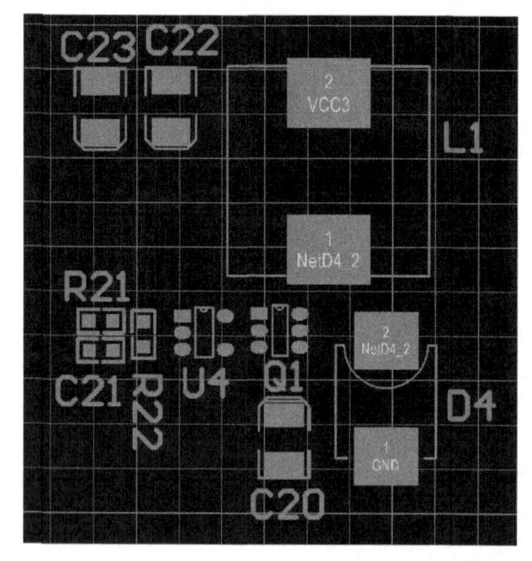

图7-33　调整DC-DC电路布局

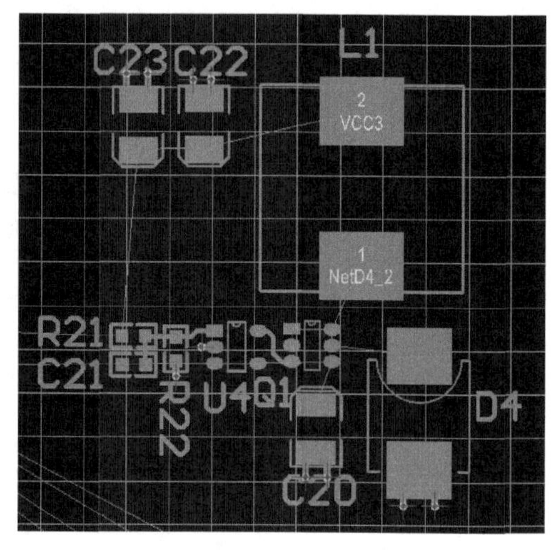

图7-34　DC-DC部分布线

7.10.2　布线

(1)电源网络(GND、VCC、VCC3)线宽为15 mil(约0.3810 mm)，其他所有网络用10 mil(约0.2540 mm)的线宽布线。

(2)拉通除主回路外的所有网络，GND焊盘布线就近打过孔，完成后如图7-34所示。

注意：针对电流较大的GND焊盘(如钽电容上的GND焊盘)，可以采取打两个过孔的办法来设计。

7.10.3　覆铜

1. 设置覆铜规则

打开"PCB Rules and Constraints Editor"对话框，用鼠标点击规则窗口左边目录里的"PolygonConnect"选项，窗口右边出现相关设置，如图7-35所示。

其中Connect Style指的是覆铜面与焊盘连接的方式，分为三种：Relief Connect(通过导线连接)、Direct Connect(直接连接)、No Connect(不连接)。Relief Connect可以设置连接导线的宽度、角度等。

本例为了增加焊盘与覆铜面的接触面积，将Connect Style设置为"Direct Connect"。

注意：孔焊盘往往采用的是Relief Connect连接方式。因为Direct Connect会造成焊盘的散热面过大，导致拆卸元件时散热快，不方便操作。

2. 覆铜

与第5章不同，本例中覆铜的作用是增加焊盘之间的导电性能，因此覆铜时应遵循以下几个原则：

(1)根据连接的焊盘位置画出覆铜区域。

(2)覆铜区域既要保证面积足够大，也要与其他网络的焊盘保持距离。

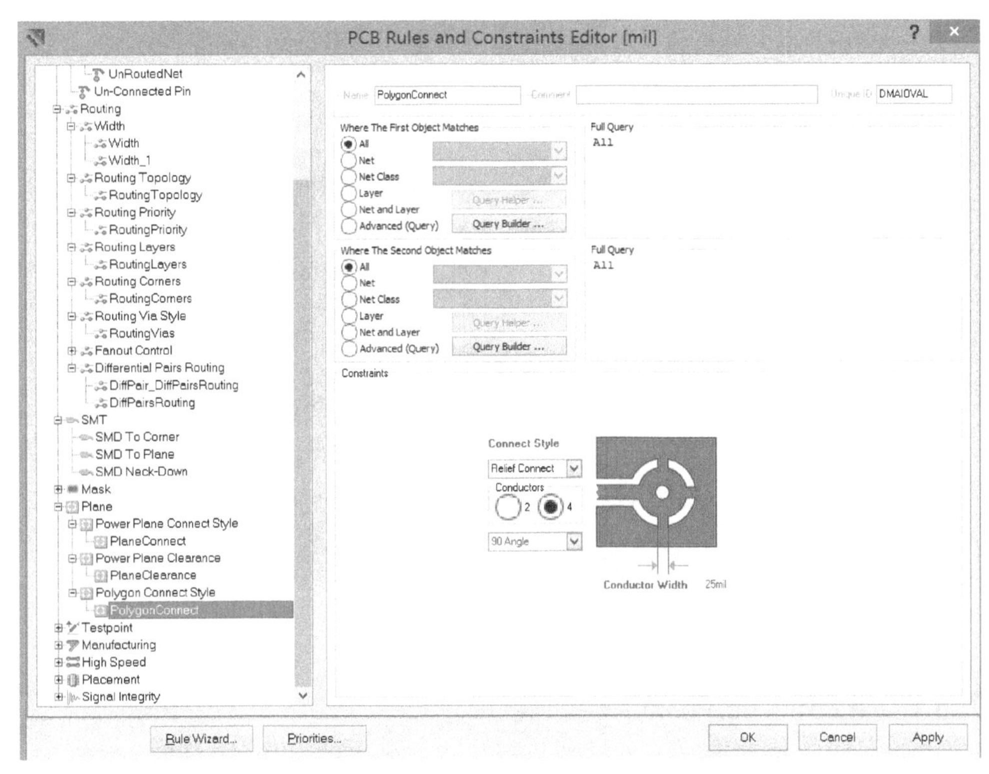

图 7－35　设置覆铜规则

(3)电源网络需要通过过孔与内电层连接，因此覆铜时要预留可以打孔的位置。

按照上述原则进行覆铜，完成后的 PCB 如图 7－36 所示。

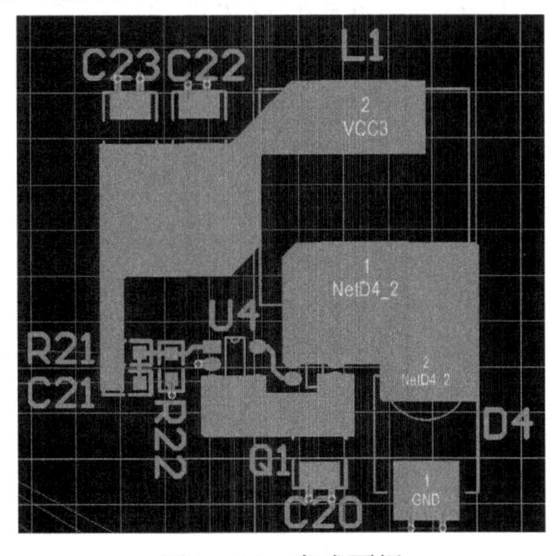

图 7－36　完成覆铜

7.10.4　放置过孔

VCC3、VCC 网络的覆铜通过过孔与内电层连接。具体步骤如下：

(1)点击工具栏上的符号，过孔随鼠标移动。

(2)按下 Tab 键将过孔设置为内径 15 mil(约 0.3810 mm)，外径 24 mil(约 0.6096 mm)。

(3)移动鼠标,将过孔放置在覆铜区域(不能放置在焊盘上),可连续放置。

(4)过孔间保持一定距离,防止地电平面的不完整。

完成后的 PCB 如图 7-37 所示。至此,电源转换电路完成布线。

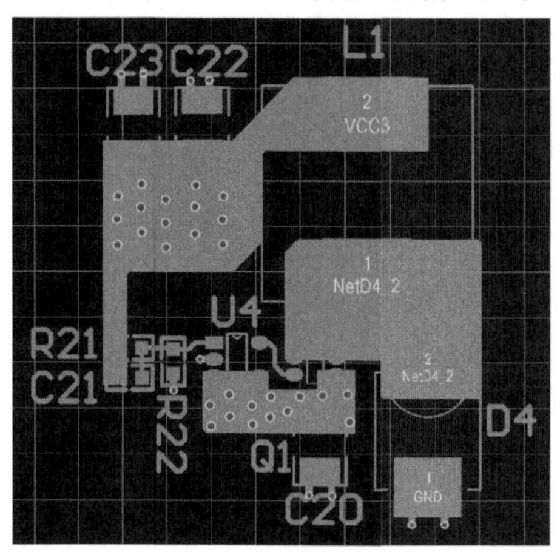

图 7-37 放置过孔

7.11 82551 电路布线

7.11.1 调整布局

82551 部分电路的主要元件是 BGA 元件 82551,其余阻容和芯片只是其辅助电路。前面已完成 BGA 过孔设计和放置电容,只需要根据以下准则再调整一下布局即可。

(1)时钟晶体尽量靠近 82551。

(2)飞线尽量短。

(3)所有芯片距离 BGA 应保持 1 mm 以上的距离。

(4)电源滤波电容尽量靠近电源管脚。

7.11.2 布线

用 Find Similar Objects 功能将已画的电源网络线宽改为 15 mil(约 0.381 mm),其他所有网络用 5 mil(约 0.127 mm)的线宽布线。

布线时遵循以下原则:

(1)先布短的线,如滤波电容的电源、地等。

(2)可以直接拉通的线,尽量不要用过孔。

(3)BGA 背后的滤波电容尽量使用 BGA 已经打好的过孔。

完成后的 PCB 如图 7-38 所示。

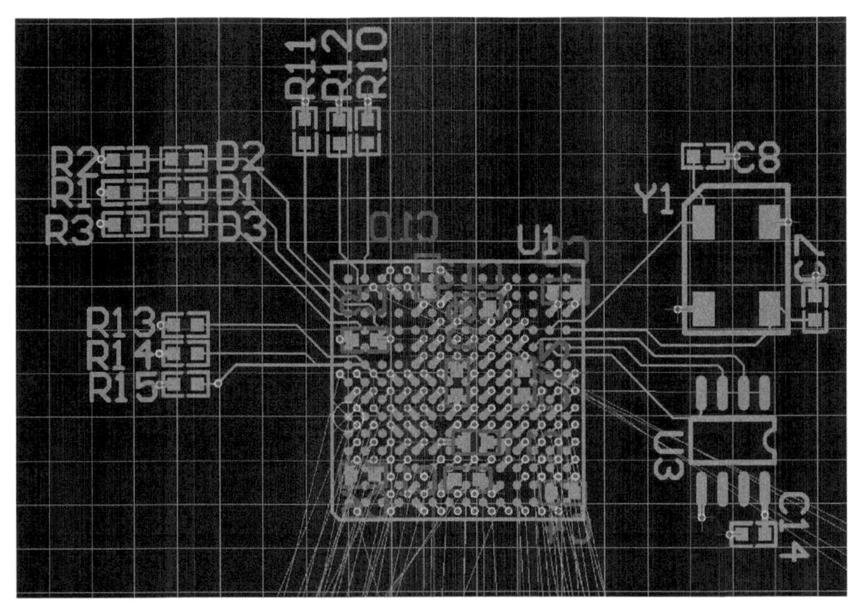

图 7-38　82551 完成布线

7.12　CPCI 电路和变压器电路布线

7.12.1　CPCI 电路布线

CPCI 电路比较简单，只有 CPCI 插座和一些阻容，完成布线的 PCB 如图 7-39 所示。

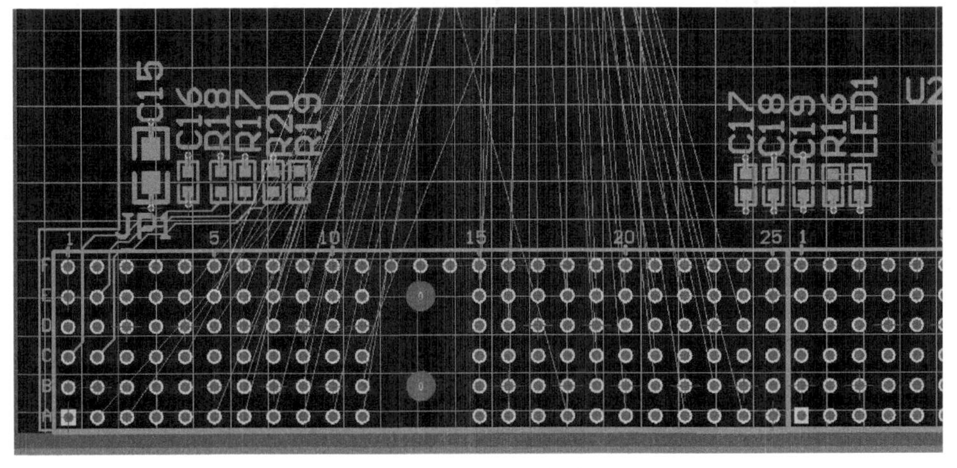

图 7-39　CPCI 电路

7.12.2　变压器电路布线

以太网差分网络在进行差分布线时需要计算网络总线长。为避免计算误差，以太网差分网络暂不连接。完成布线的 PCB 如图 7-40 所示。

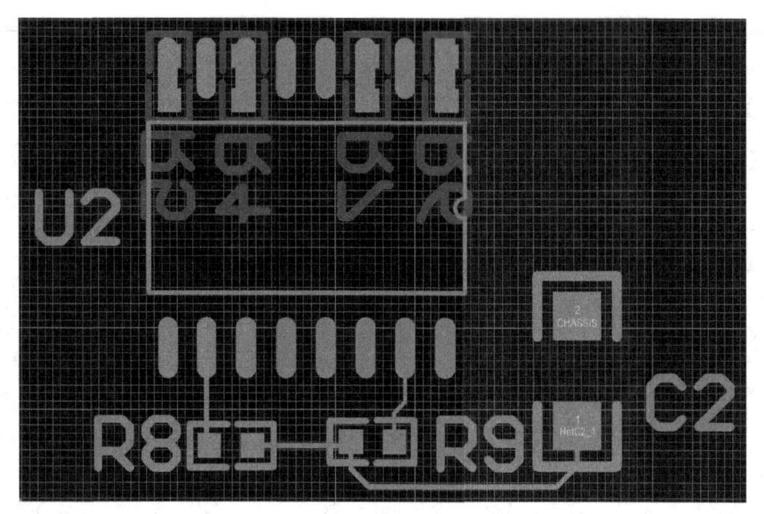

图 7-40 变压器电路布线

7.13 CPCI 总线布线

7.13.1 布线要求

CPCI 规范中要求数据/地址信号线应尽量等长，时钟线应长于其他信号线。数据/地址信号包括：PCI_AD0～PCI_AD31、PCI_C/BE0＃～PCI_C/BE3＃。

7.13.2 连接网络

将所有的 CPCI 总线网络用导线连接，连接时除了要遵循布线原则，还要注意以下几点：

(1)先连接数据/地址信号网络，然后再连接控制信号网络。

对于 CPCI 总线，其主要的组成包括两部分：数据/地址信号线和控制信号线。通常情况下，对于数量较多的数据/地址信号，元件的焊盘排列会有一定的规律，因此布线时应该先按照规律连接数据/地址信号网络。

(2)对于可以直接从顶层拉通的网络线，删掉无用的过孔。

(3)布线过程中，如果已放置的元件影响布线，可以调整其位置和布线。如本例中放置在 CPCI 插座附近的电阻会影响顶层的布线，将这些电阻放置到底层。

完成后的 PCB 如图 7-41 所示。

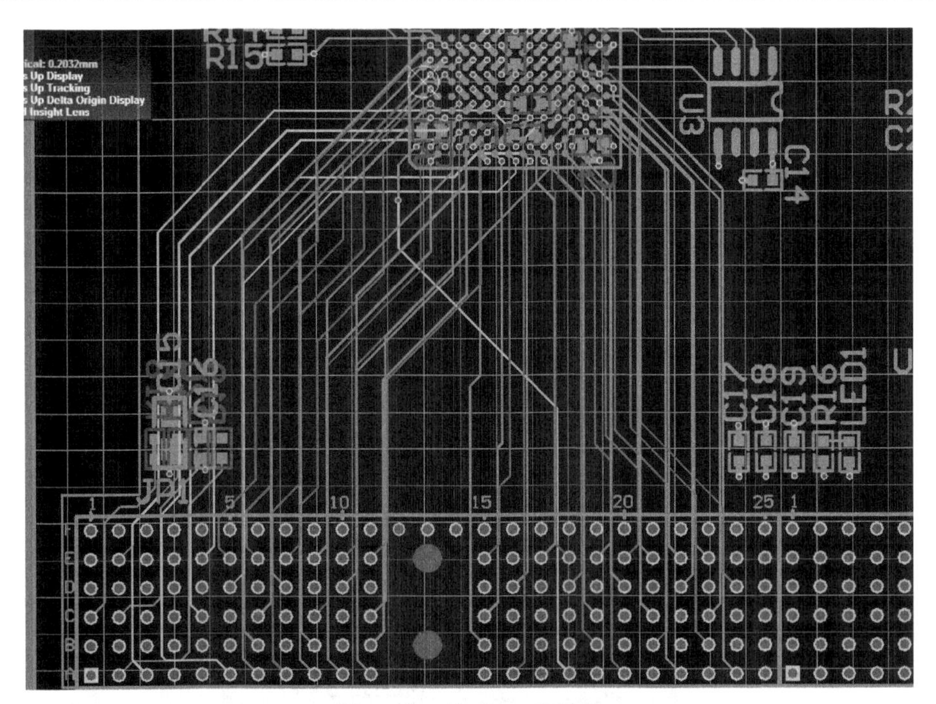

图 7－41　拉通 CPCI 总线

7.13.3　观察线长

观察线长有两种方法：直接在 PCB 上观察和通过 PCB 面板来观察。

1. 直接在 PCB 上观察

在 PCB 上点击任意一根导线，PCB 左上角会出现一个浮动窗口显示导线的网络名称以及这个网络的所有导线长度总和，如图 7－42 所示。该窗口可通过快捷键 Ctrl＋H 来打开和关闭。

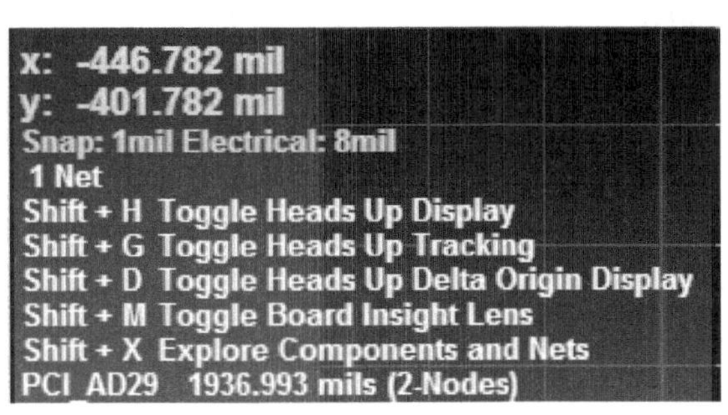

图 7－42　点击导线观察总长度

2. 通过 PCB 面板观察

为方便 PCB 上显示网络组件，点击 PCB 面板上"Zoom Level..."铵钮，出现滑动工具条，将其移动到最右边。然后按照下列步骤进行：

(1)执行菜单命令"Design\Netlist\Edit Nets..."，打开网络编辑窗口，新建网络类别"AD"，将 PCI_AD0～PCI_AD31、PCI_C/BE0＃～PCI_C/BE3＃都添加进去。

(2)在 PCB 面板的下拉列表里选择“Nets”,在 Net Classes 中选择“AD”,下面的 Nets 列表里就会出现所有属于“AD”的网络及其总线长;同时 PCB 将自动放大到能完全显示此类别所有网络的电气组件,并高亮,如图 7-43 所示。

(3)观察所有网络线长,发现最长的为 PCI_AD29,线长为 1936 mil(只考虑整数位,约 49.174 mm)。本例中,导线等长应在±20 mil(约 0.508 mm)范围内,即数据地址信号线长度相差不能大于 40 mil(约 1.016 mm),因此线长范围应在 1896 mil(约 48.158 mm)~1936 mil(约 49.174 mm)。

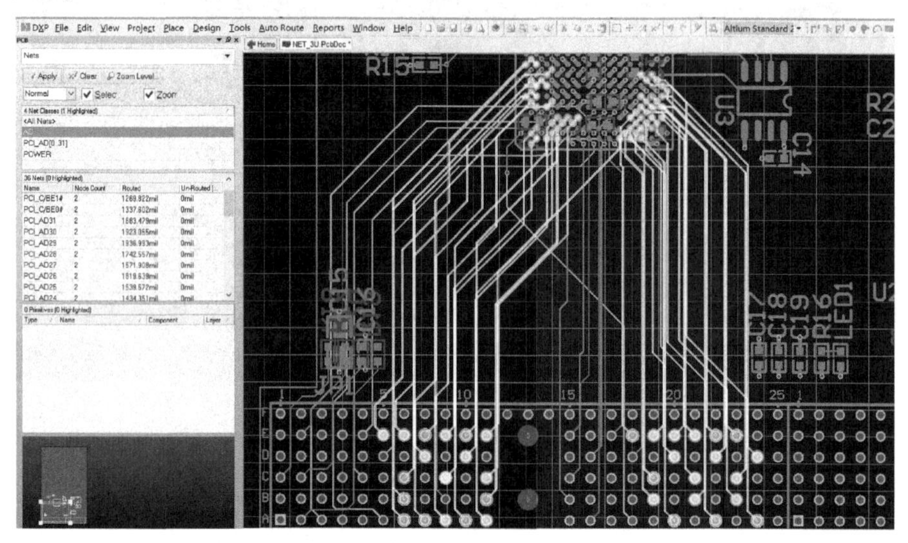

图 7-43 面板显示网络导线长度

注意: 单击网络列表里任意一个网络,列表下方的窗口中列出该网络的各项电气组件,包括焊盘、每段线线长等,同时会在 PCB 中放大高亮;单击任意一个组件,PCB 会放大到只显示该组件。这项功能在查找某一个网络的焊盘时非常有用。

7.13.4 调整线间距

增加导线长度主要通过绕线等方式来实现的。绕线需要导线间保持一定的距离,因此应该先调整导线的位置。调整方法有两种:

(1)重新画线:执行布线命令,以已布好的导线上一点为起点重新画线,终点也在这条线上,新的画线轨迹就能直接替代原有导线。

(2)鼠标拖拽导线:

①鼠标左键点击一段导线,导线被选中。

②鼠标靠近选中的导线,出现白色的四边形方框光标。

③鼠标左键点住选中导线,导线上出现十字光标,导线随鼠标平行移动,松开鼠标,导线固定。

④这种方式移动的导线始终保持电气连接。

注意: 调整线间距时会改变线长,因此对于本身就比较长的线,调整的时候一定要慎重。

7.13.5　交互式长度调整

(1)执行菜单命令“Tools/Interactive Length Tuning”，开启交互式长度调整功能。PCB 上出现十字光标，点击需要调整的导线，如 PCI_AD14。

(2)点击 Tab 键，在弹出的对话框中设置参数：

①选中“Manual”，在 Target Length 栏键入调整的目标长度，本例中设为“1920 mil”(约 48.7680 mm)。

②Style 栏选择转角的形状，有线型转角、圆弧型转角和圆形转角三种，一般选择线型转角即可。

③Max Amplitude 栏键入最大的幅值 60 mil(约 1.5240 mm)。

④Gap 栏键入间距值 45 mil(约 1.1430 mm)。

⑤Amplitude Increment 栏键入幅度增量值 5 mil(约 0.1270 mm)。

⑥Gap Increment 键入间距增量值 5 mil(约 0.1270 mm)。

完成后的对话框如图 7-44 所示，点击“OK”按钮关闭对话框。

(3)沿着导线移动鼠标，鼠标移动范围内的导线按照图 7-44 中的参数成蛇形绕线，同时在鼠标右侧以绿色的进度条实时显示线长，如图 7-45 所示。线长如果超过目标线长，进度条变为红色。当线长显示达到目标长度时，单击鼠标左键确认。

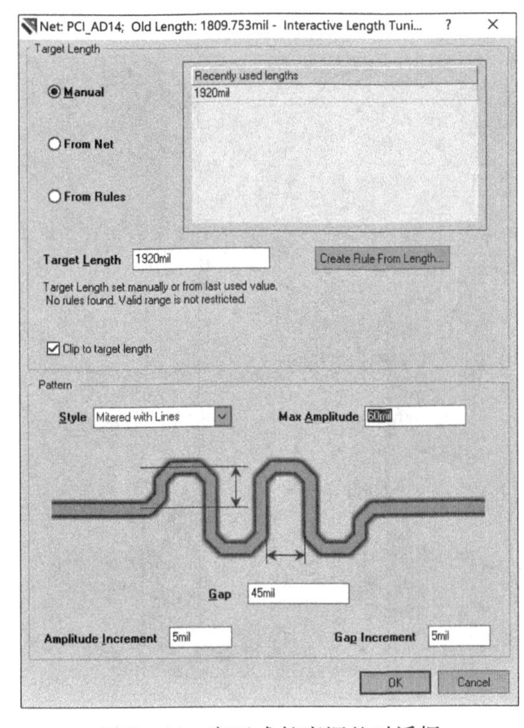

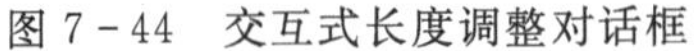
图 7-44　交互式长度调整对话框

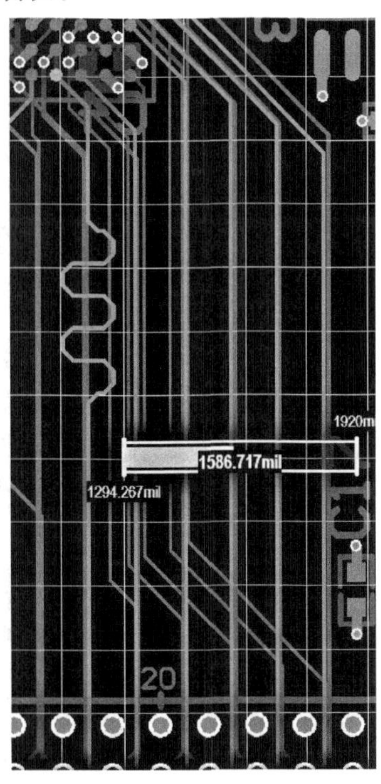

图 7-45　交互式长度调整

(4)除了按照图 7-44 中设置好的参数调整长度，还可以在移动鼠标的过程中通过快捷键修改参数。快捷键的功能如表 7-1 所示。

表 7-1　交互式长度调整快捷键定义

快捷键	功能
F1	打开帮助窗口(窗口中会列出快捷键及其功能)
Space	切换调整模式(线型转角,圆弧型转角和圆形三种之间切换)
Shift+Space	固定为当前的调整模式(如需更换,再按一下 Shift+Space,然后可按 Space 切换模式)
Tab	编辑调整模式
,	按照增量值减少幅度
.	按照增量值增加幅度
1	减少转角斜度
2	增加转角斜度
3	按照增量值减小间距
4	按照增量值增加间距
Y	上下切换幅度方向

按照上述方法调整所有数据/信号线的长度和时钟线的长度,完成后的 CPCI 总线布线如图 7-46～图 7-49 所示。

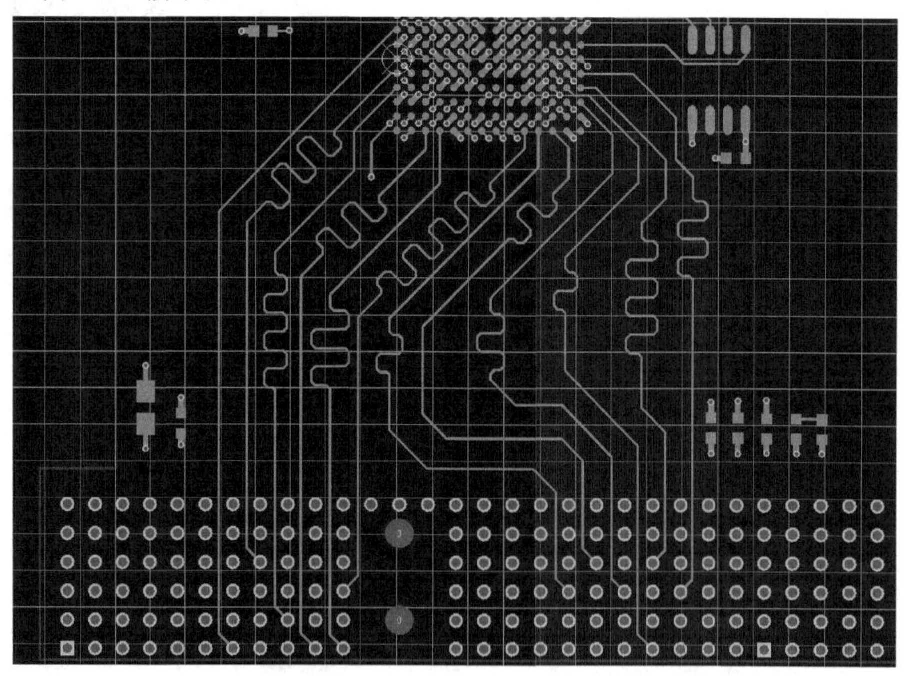

图 7-46　CPCI 布线(Top Layer)

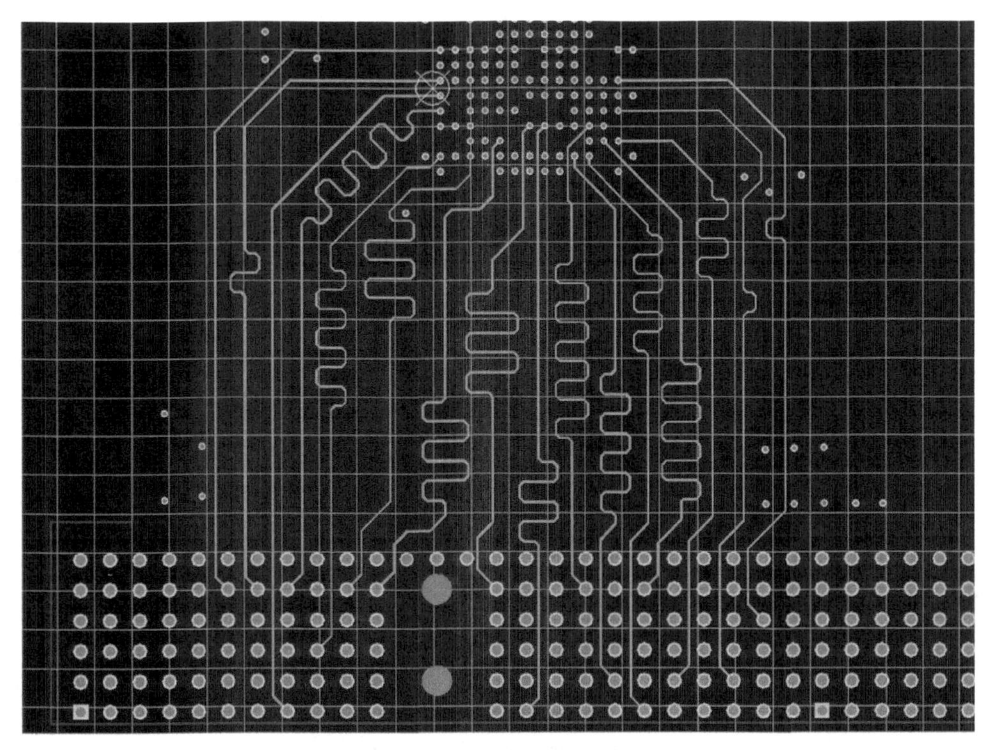

图 7-47　CPCI 布线(MidLayer1)

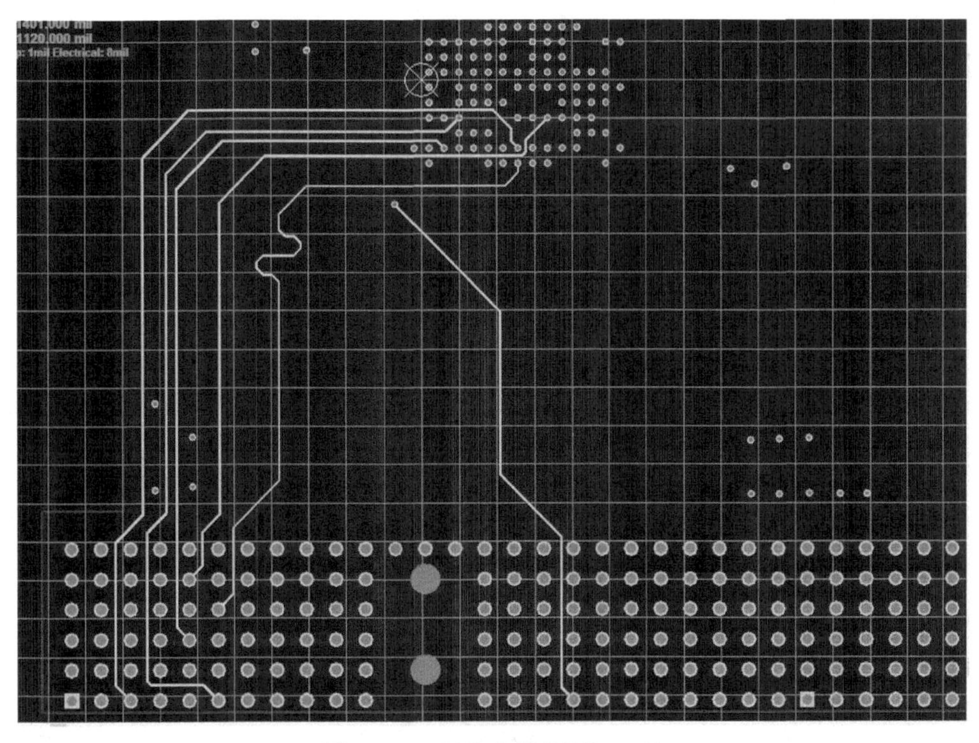

图 7-48　CPCI 布线(MidLayer2)

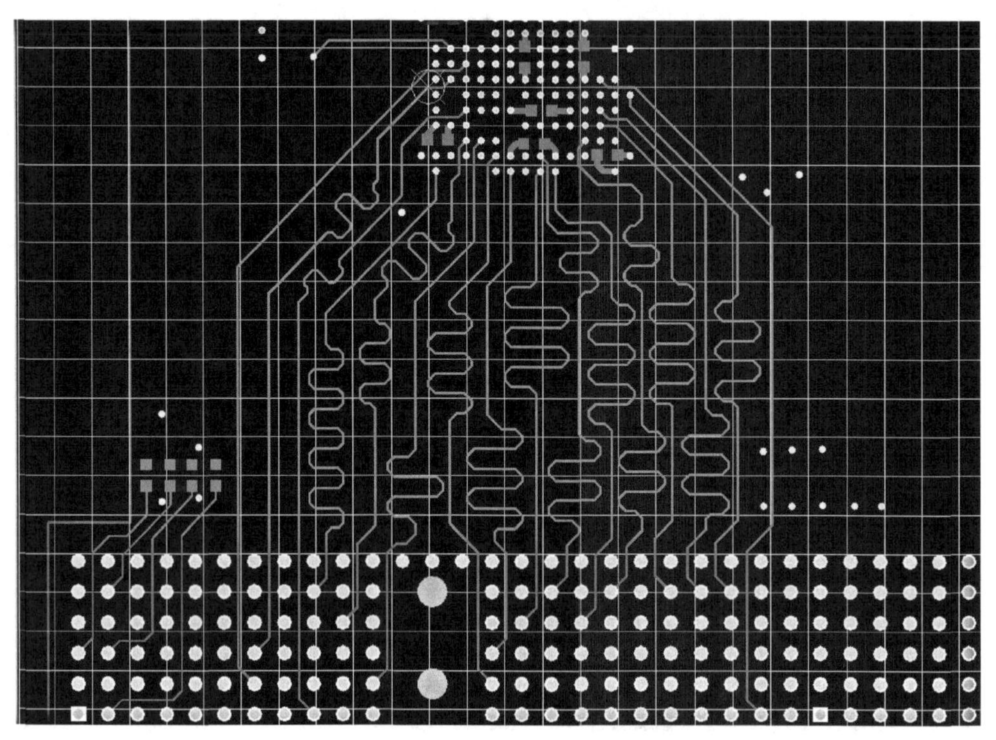

图 7-49 CPCI 布线(Bottom Layer)

7.14 差分线(网络信号)布线

7.14.1 阻抗要求

在第 6 章中已经把 4 对网络信号定义为差分线对。对于这种传输速率在 100 Mb/s 以上的高速信号,布线时除了要求其等长外,还有阻抗要求。

印制板上导线的阻抗大小往往取决于以下几点:线宽、线间距(差分线)、印制板层数、印制板介质材质、印制板介质厚度等。

一般的做法是先根据总线规范确定导线的目标阻抗,然后与印制板制作厂家联系,确定导线所在的信号层、导线宽度和间距等。

本例中,差分线的布线要求是:在 MidLayer2 层布线;差分对内等长误差 <5 mil(约 0.127 mm);线宽为 5 mil(约 0.127 mm),差分对内线间距为 10 mil(0.254 mm);差分对与其他信号的线间距>20 mil(约 0.508 mm)。

7.14.2 定义差分对布线规则

(1)在 PCB 面板第一栏下拉菜单中选择"Differential Pairs Editor",Differential Pairs 列表中会显示已经定义的 4 组差分对。将差分对全部选中,Nets 列表里会显示 4 组差分对的信号网络名称,如图 7-50 所示。

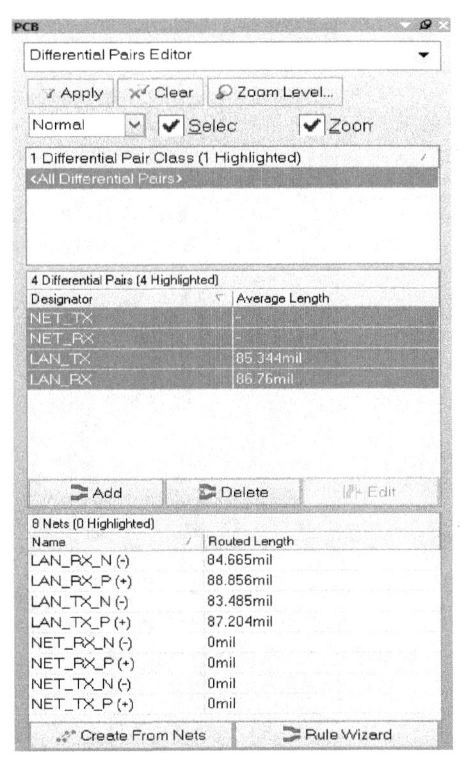

图 7－50　查看差分信号

(2)点击 PCB 面板中的“Rule Wizaid”按钮，打开差分对规则向导，如图 7－51 所示。

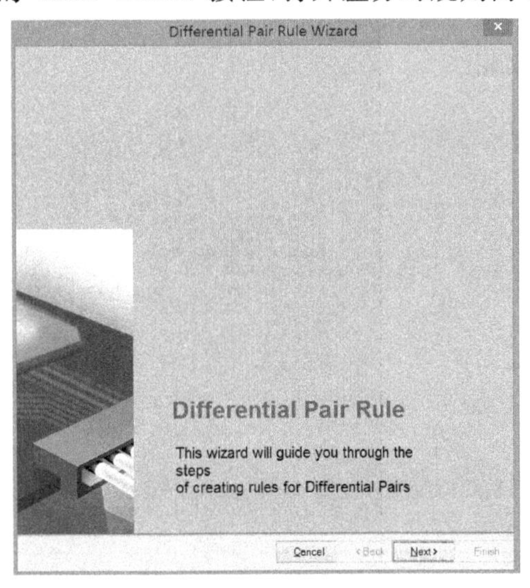

图 7－51　打开差分对规则向导

(3)点击“Next >”按钮，进入下一页，填写各项规则的名称，软件默认名称即可，如图 7－52所示。

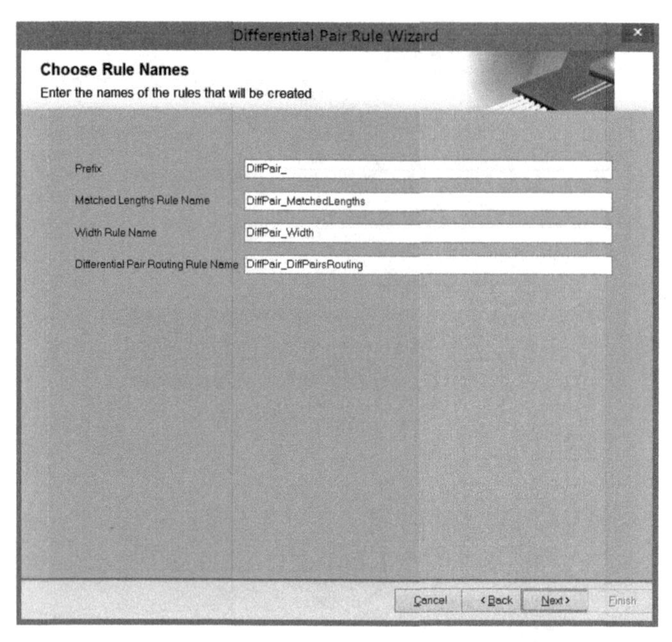

图 7-52 填写各项规则的名称

(4)点击“Next>”按钮，进入下一页，设置线宽为“5 mil”(约 0.127 mm)，如图 7-53 所示。

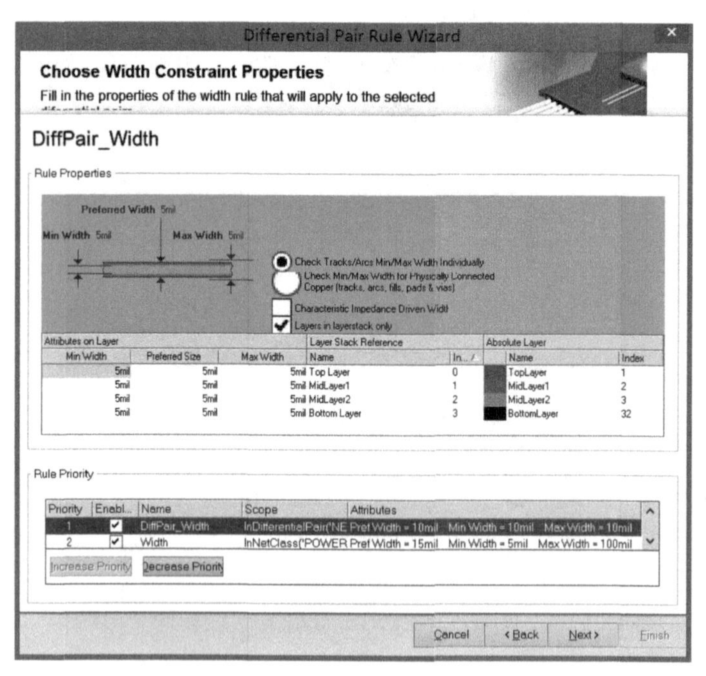

图 7-53 确定线宽

(5)点击“Next>”按钮，进入下一页，设置 Tolerance(长度匹配误差)为“5 mil”(约 0.127 mm)，只在“Check Nets Within Differential Pair”前打勾，如图 7-54 所示。

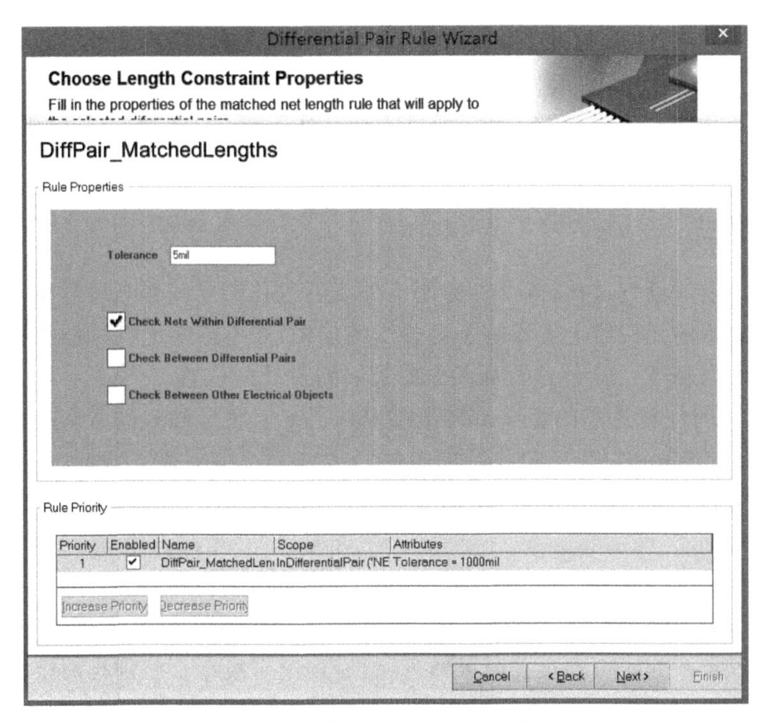

图 7 - 54　设置长度匹配要求参数

(6)点击“Next>”按钮，进入下一页，设置差分对线内间距为“10 mil”(约 0.254 mm)，如图 7 - 55 所示。

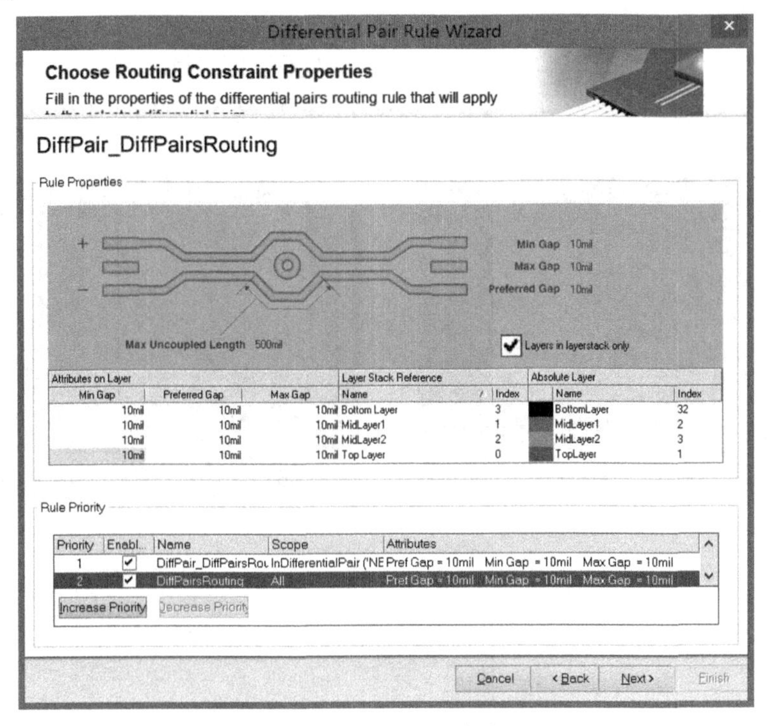

图 7 - 55　确定差分对内线间距

(7)点击“Next>”按钮，进入下一页，检查已设置的规则，确认无误后点击“Finish”按钮保存。

(8)打开“PCB Rules and Constraints Editor”对话框，确定这三个规则都已按照设定添加。

7.14.3　布线

(1)差分对焊盘就近打过孔，两个差分网络焊盘到过孔的导线尽量短且相等。

(2)如果已放置的元件或走线影响了差分线的走线，在不影响电气性能的前提下可以调整其位置，如本例中调整了 C10 的位置和几个电源网络过孔的位置。

(3)BGA 打孔时线宽选用的是 6 mil(约 0.1524 mm)，将已画好的所有差分网络的导线都改为 5 mil(约 0.1270 mm)。

(4)将层切换到 MidLayer2，执行菜单命令“Place/Interactive Differential Pair Routing”，启动放置差分线命令。线的起始点(十字光标)随鼠标移动，光标点击差分对的任意一个过孔开始布线，差分线随鼠标移动。

(5)当差分线走线到另一端过孔附近时，有时由于过孔的距离过远，差分线无法连接到过孔上，这种情况下将差分线拉到过孔附近即可，然后再用布线命令分别将两根线拉到各自的过孔上，完成后如图 7-56 所示。

(6)拉通后的差分线因为在走线过程中存在拐弯、绕线等操作，两根线线长有差别，为了满足线长＜5 mil(约 0.1270 mm)的要求，可再进行调整。调整有两种方法：

①调整导线两端到过孔的走线路径，使短的线适当的拉长，如图 7-57 所示。该方法对于导线的传输性影响较小，但能够延伸的长度有限。

②在靠近元件焊盘处，短的线做蛇形绕线，注意蛇形线的幅度不能过大。该方法在高速差分信号线上较为常用，但由于蛇形绕线会导致差分线间距变化，所以对于绕线的幅度、间距以及位置都有要求。

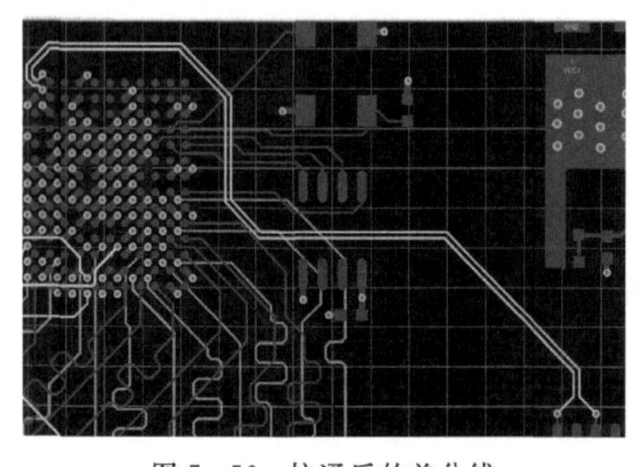

图 7-56　拉通后的差分线

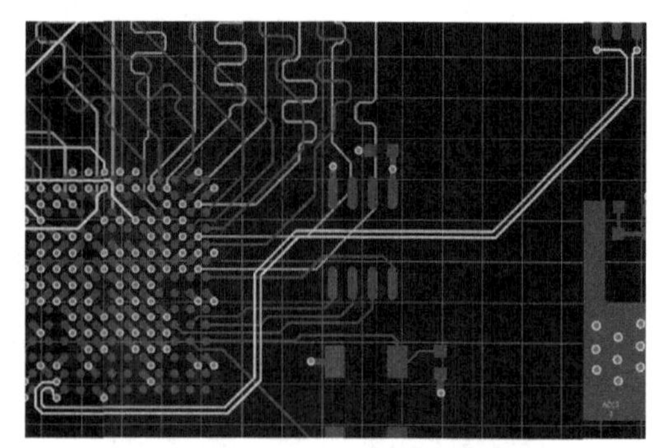

图 7-57　调整长度后的差分线

(7)完成其他差分线的走线，并与变压器的匹配电阻进行连接。完成后的 PCB 如图 7-58 所示。

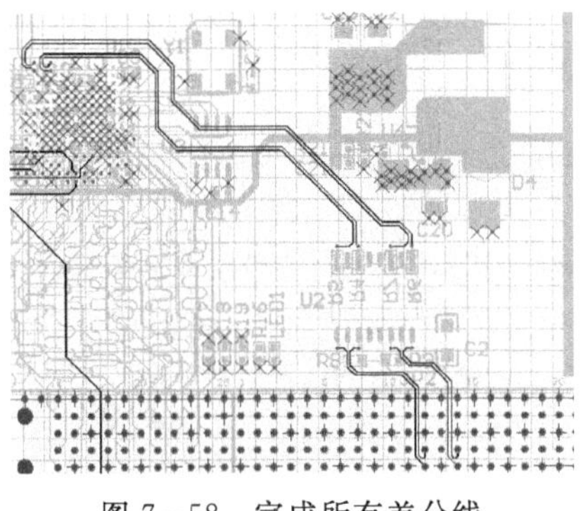

图 7-58　完成所有差分线

7.15　内电层分割

网卡板上有VCC3、VCC、GND三个电源网络。内电层共有两个，一个定义为GND，另一个定义为VCC。为了让电路板上所有的VCC3网络连接在一起，需要将VCC内电层分割为VCC和VCC3两部分。

7.15.1　画线分割内电层

将PCB的活动层设为VCC，可以看到Altium软件已自动按照机械层尺寸在VCC层画了一个40 mil(约1.016 mm)宽的边框。

执行菜单命令“Place/Line”，线宽设为“30 mil”(约0.762 mm)，画线与边框连接，形成两个闭合区域，内电层就被分割开了，如图7-59所示。

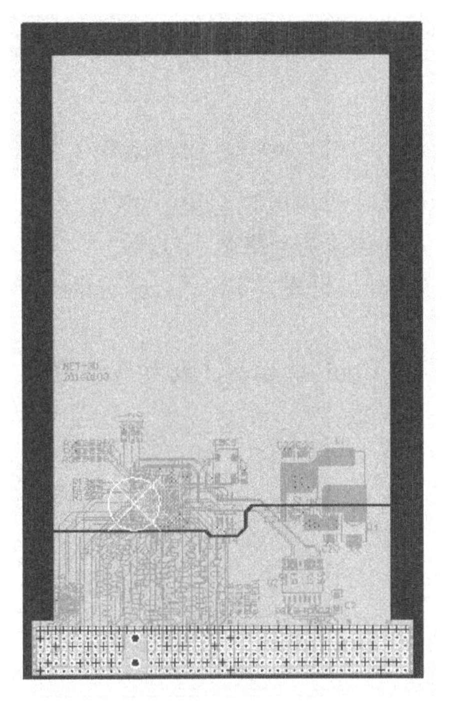

图 7-59　分割VCC层

7.15.2 编辑内电层

(1)PCB面板的下拉列表里选择“Split Plane Editor”,打开内电层编辑器,如图7-60所示。

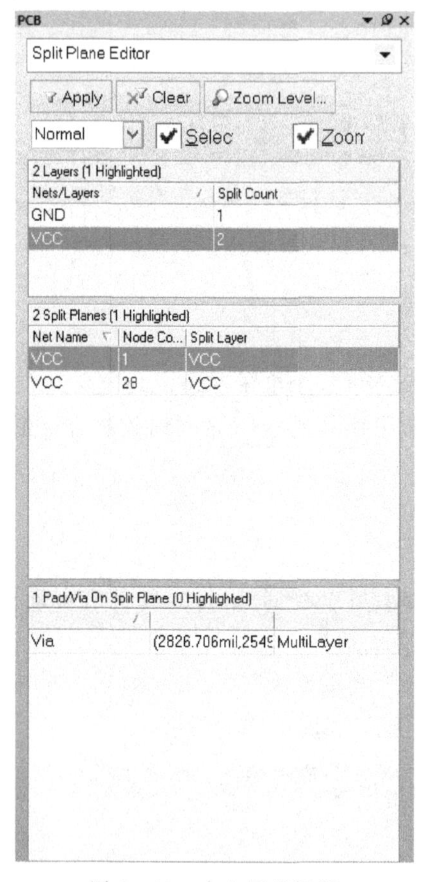

图7-60 内电层编辑器

(2)Layers列表中列出了所有的内电层,选中“VCC”内电层,Split Planes列表中列出VCC内电层上的两个分割层及其连接的网络名、节点数。

(3)双击Node数为1的分割层,出现“Split Plane”对话框,同时PCB会自动放大到该区域,如图7-61所示。

(4)点击对话框中下拉键,将Connect to Net设为“VCC3”,并点击“OK”按钮保存,内电层编辑器会自动更新,如图7-62所示。

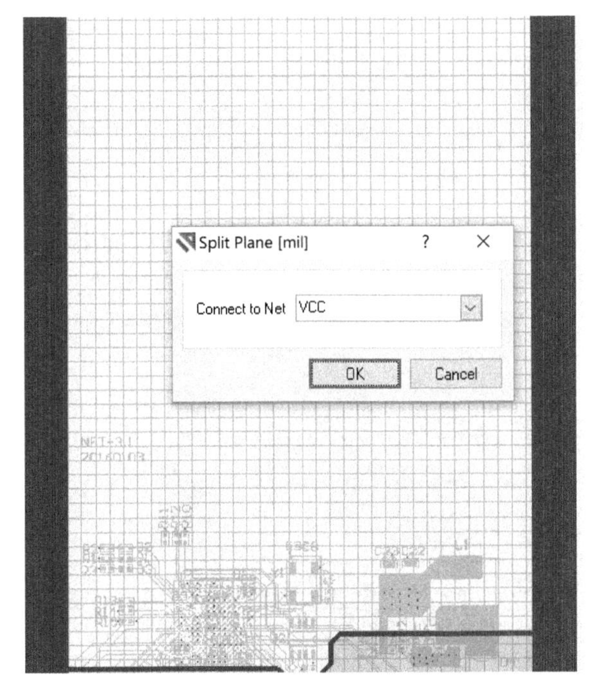

图 7－61　“Split Plane”对话框

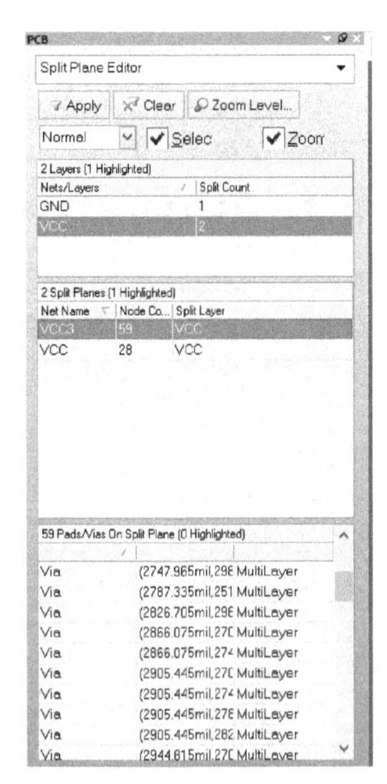

图 7－62　更新后的内电层编辑器

7.15.3　修改电源网络布线

分割内电层时应尽量使电源网络的焊盘和过孔包含在其内电层分割区内，但有时候无法完全做到。

本例中 U1 的 G2 点定义为 VCC，但其已画好的过孔被包含在了 VCC3 分割区内。这种情况下，就需要从过孔或焊盘走线到 VCC 分割区内再打过孔，完成后的 PCB 如图 7－63 所示。

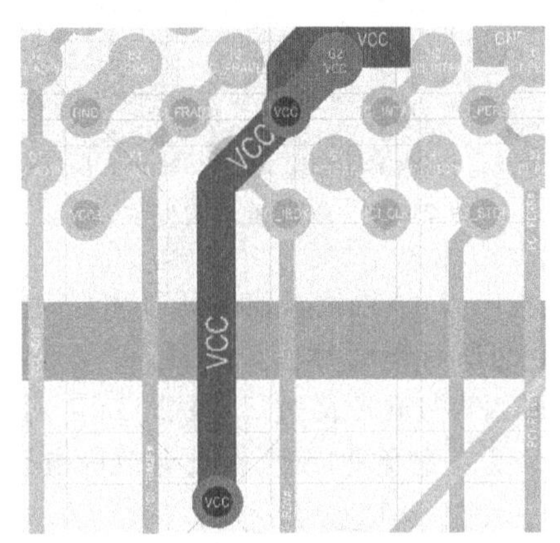

图 7－63　电源网络重新布线

7.16 设置内电层规则

7.16.1 根据已有规则 DRC

按照第 5 章的方法执行 DRC，Messages 面板会自动弹出，并显示错误信息，如图 7 - 64 所示。点击 Messages 面板第一项错误，PCB 会自动放大到错误位置，如图 7 - 65 所示。

Messages

Class	Document	Source	Message	Time	Date	N...
[Un-Routed ...	NET_3U.PcbDoc	Advance...	Isolated copper: Split Plane (GND) on GND. Copper island connected to pads/vias detected. Copper a...	11:05:57	2015/12/14	1
[Un-Routed ...	NET_3U.PcbDoc	Advance...	Isolated copper: Split Plane (GND) on GND. Dead copper detected. Copper area is : 3.1E3 sq. mils	11:05:57	2015/12/14	2
[Un-Routed ...	NET_3U.PcbDoc	Advance...	Isolated copper: Split Plane (GND) on GND. Copper island connected to pads/vias detected. Copper a...	11:05:57	2015/12/14	3
[Un-Routed ...	NET_3U.PcbDoc	Advance...	Isolated copper: Split Plane (GND) on GND. Copper island connected to pads/vias detected. Copper a...	11:05:57	2015/12/14	4
[Un-Routed ...	NET_3U.PcbDoc	Advance...	Isolated copper: Split Plane (GND) on GND. Dead copper detected. Copper area is : 1.2E3 sq. mils	11:05:57	2015/12/14	5
[Un-Routed ...	NET_3U.PcbDoc	Advance...	Isolated copper: Split Plane (GND) on GND. Copper island connected to pads/vias detected. Copper a...	11:05:57	2015/12/14	6
[Un-Routed ...	NET_3U.PcbDoc	Advance...	Isolated copper: Split Plane (GND) on GND. Copper island connected to pads/vias detected. Copper a...	11:05:57	2015/12/14	7
[Un-Routed ...	NET_3U.PcbDoc	Advance...	Isolated copper: Split Plane (GND) on GND. Copper island connected to pads/vias detected. Copper a...	11:05:57	2015/12/14	8
[Un-Routed ...	NET_3U.PcbDoc	Advance...	Isolated copper: Split Plane (GND) on GND. Dead copper detected. Copper area is : 5E2 sq. mils	11:05:57	2015/12/14	9
[Un-Routed ...	NET_3U.PcbDoc	Advance...	Isolated copper: Split Plane (GND) on GND. Dead copper detected. Copper area is : 5E2 sq. mils	11:05:57	2015/12/14	10
[Un-Routed ...	NET_3U.PcbDoc	Advance...	Isolated copper: Split Plane (GND) on GND. Dead copper detected. Copper area is : 5E2 sq. mils	11:05:57	2015/12/14	11
[Un-Routed ...	NET_3U.PcbDoc	Advance...	Isolated copper: Split Plane (GND) on GND. Dead copper detected. Copper area is : 5E2 sq. mils	11:05:57	2015/12/14	12
[Un-Routed ...	NET_3U.PcbDoc	Advance...	Isolated copper: Split Plane (GND) on GND. Dead copper detected. Copper area is : 5E2 sq. mils	11:05:57	2015/12/14	13
[Un-Routed ...	NET_3U.PcbDoc	Advance...	Isolated copper: Split Plane (GND) on GND. Dead copper detected. Copper area is : 4.7E2 sq. mils	11:05:57	2015/12/14	14
[Un-Routed ...	NET_3U.PcbDoc	Advance...	Isolated copper: Split Plane (GND) on GND. Dead copper detected. Copper area is : 4.7E2 sq. mils	11:05:57	2015/12/14	15
[Un-Routed ...	NET_3U.PcbDoc	Advance...	Isolated copper: Split Plane (GND) on GND. Copper island connected to pads/vias detected. Copper a...	11:05:57	2015/12/14	16
[Un-Routed ...	NET_3U.PcbDoc	Advance...	Isolated copper: Split Plane (GND) on GND. Copper island connected to pads/vias detected. Copper a...	11:05:57	2015/12/14	17
[Un-Routed ...	NET_3U.PcbDoc	Advance...	Isolated copper: Split Plane (GND) on GND. Dead copper detected. Copper area is : 2.8E2 sq. mils	11:05:57	2015/12/14	18
[Un-Routed ...	NET_3U.PcbDoc	Advance...	Isolated copper: Split Plane (GND) on GND. Dead copper detected. Copper area is : 1.8E2 sq. mils	11:05:57	2015/12/14	19
[Un-Routed ...	NET_3U.PcbDoc	Advance...	Isolated copper: Split Plane (GND) on GND. Dead copper detected. Copper area is : 1.8E2 sq. mils	11:05:57	2015/12/14	20
[Un-Routed ...	NET_3U.PcbDoc	Advance...	Isolated copper: Split Plane (GND) on GND. Dead copper detected. Copper area is : 1.8E2 sq. mils	11:05:57	2015/12/14	21
[Un-Routed ...	NET_3U.PcbDoc	Advance...	Isolated copper: Split Plane (GND) on GND. Dead copper detected. Copper area is : 1.8E2 sq. mils	11:05:57	2015/12/14	22

图 7 - 64 Messages 面板

图 7 - 65 PCB 显示错误位置

图 7 - 65 显示的是 GND 内电层，浅色代表连接到 GND 网络的铜面，深色代表隔离区域。正常的情况下，GND 内电层上的所有铜面都应该连通，并与 GND 网络的过孔和焊盘连接。但如图 7 - 65 中所示，一些铜面因为过孔距离过近，被非 GND 网络的过孔隔离开，无法与内电层上其他铜面连通，成为死区。为了避免此问题，需要修改内电层规则。

7.16.2 设置内电层连接规则(Plane Connect)

前面章节已经介绍过，当与内电层网络定义相同的过孔、焊盘穿过内电层时，会与内电层连通，Plane Connect 规则定义的就是它们连通的方式。

打开“PCB Rules and Constraints Editor”对话框，用鼠标点击规则窗口左边目录里的“Plane\Power Plane Connect Style\Plane Connect”选项，窗口右边出现该规则的编辑界面。

Connect Style 属性定义内电层铜面与金属孔连接的方式，有三个选项：Relief Connect（通过导线连接）、Direct Connect（直接连接）、No Connect（不连接）。其中 Relief Connect 可以设置连接导线的宽度、角度等。

本例中因为过孔比较密集，为了保证过孔与内电层的连接，将 Connect Style 设置为“Direct Connect”，如图 7－66 所示。

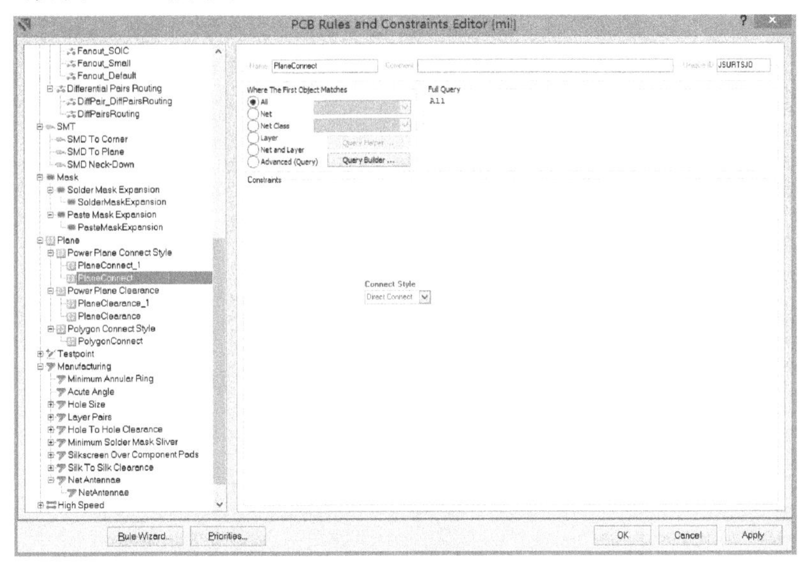

图 7－66　Plane Connect 默认设置

Direct Connect 会造成焊盘的散热面过大，导致拆卸元件时散热快，不方便操作。因此需要添加规则保证焊盘采用的是 Relief Connect 连接方式。具体步骤如下：

（1）鼠标右键点击规则列表里的“Power Plane Connect Style”项，出现右键菜单，选择“New Rule...”，规则列表里自动添加新的规则 PlaneConnect_1。

（2）打开规则 PlaneConnect_1 的编辑界面，在“Where The First Object Matches”栏中选择“Advanced(Query)”，并点击“Query Builder...”按键，打开“Building Query from Board”对话框，如图 7－67 所示。

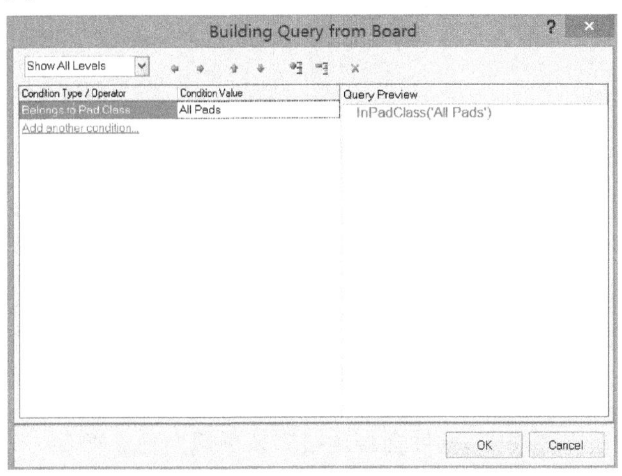

图 7－67　“Building Query from Board”对话框

(3)将对话框中“Condition Type/Operator”项通过下拉菜单设为“Belong to Pad Class”，“Conditon Value”项设为“All Pads”，然后点击“OK”按钮关闭对话框。

(4)返回到规则编辑界面，更改 Relief Connect 连接方式的参数，完成后如图 7－68 所示，从图中的 Full Query 栏中看到，该规则的适用范围为“All Pads”。

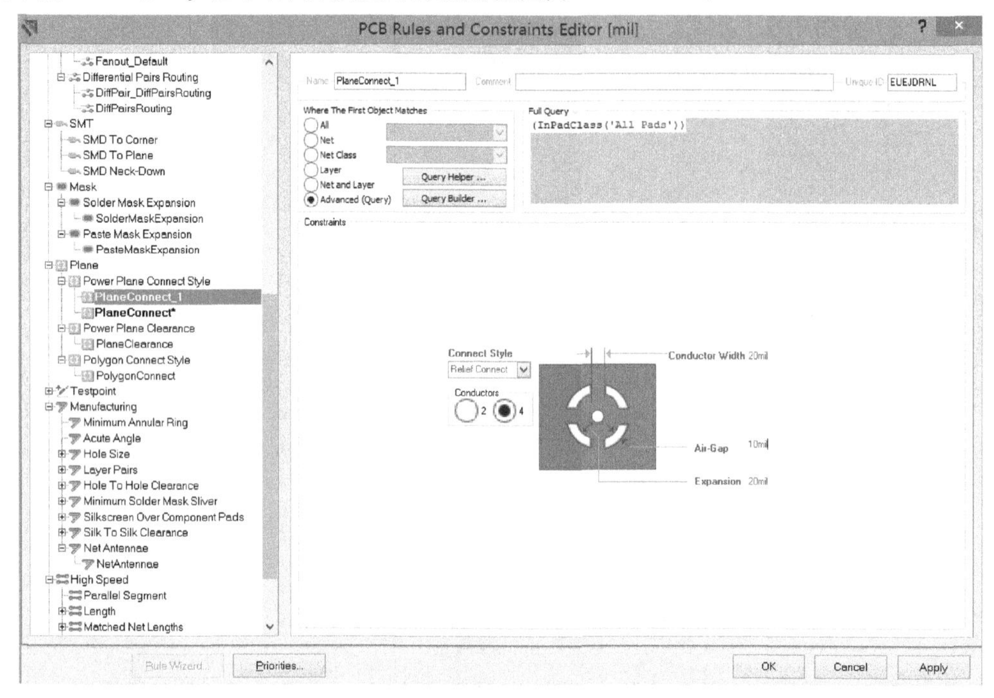

图 7－68 新增的 Plane Connect 规则

(5)点击对话框左下角的“Priorities”按键，打开“Edit Rule Priorities”对话框，设定规则的优先级。将新增规则的优先级设为“1”，如图 7－69 所示，点击“Close”按钮保存。

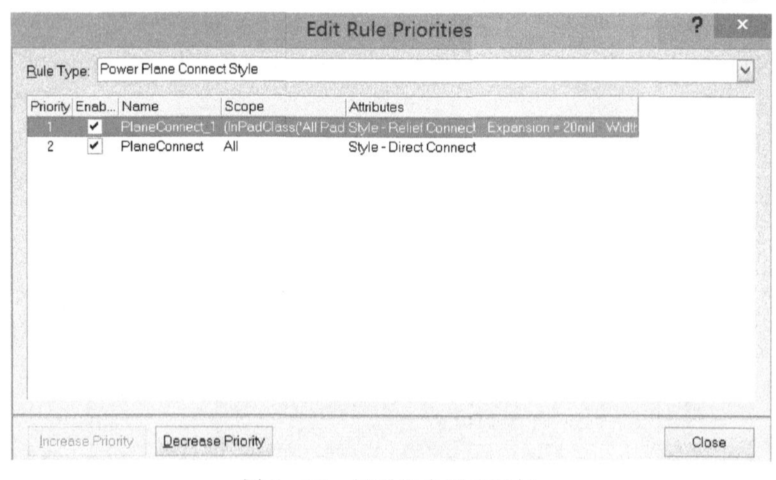

图 7－69 规则优先级对话框

(6)点击“OK”按钮保存规则，软件会自动按照新的规则更新 PCB。

7.16.3　设置内电层安全距离(Power Plane Clearance)

当与内电层网络定义不同的金属孔(过孔及焊盘等)穿过内电层时,内电层会挖去孔周围的一圈铜来实现与其隔离,隔离区的宽度就是内电层安全距离。

Power Plane Clearance 的默认设置为 20 mil(约 0.508 mm),本例中因为过孔比较密集,为保证过孔的隔离区不会造成内电层的死区,需要将过孔的安全距离减小。

(1)修改原有规则,将 Clearance 改为"10 mil"(约 0.254 mm)。

(2)按照上一节的方法添加新的规则,适用范围为所有焊盘,完成后如图 7-70 所示。

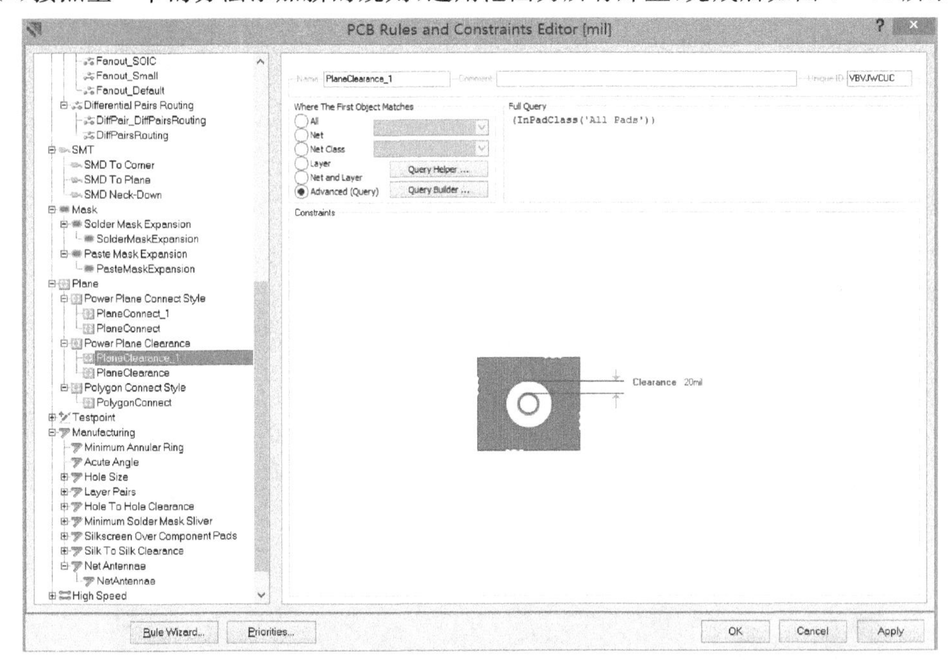

图 7-70　新增的 PlaneClearance 规则

(3)将新规则的优先级设置为"1"。

(4)点击"OK"按钮保存规则,软件会自动按照新的规则更新 PCB。

7.17　内电层边缘去铜

本例中,网卡板后续要安装锁紧装置,因此设计了电气边界。设计多层电路板时,为了保证内电层之间的绝缘效果,通常将内电层上电气边界与物理边界之间的铜都挖去。具体操作如下:

(1)切换到内电层,如 VCC 内电层。

(2)执行菜单命令"Place/Fill",启动填充命令,鼠标变成十字光标。

(3)在 PCB 物理边界一角单击鼠标左键,确定填充的起点。

(4)拖动鼠标,会发现填充面积随鼠标变化,单击鼠标左键,填充完成。

(5)可继续填充,也可单击鼠标右键结束填充命令。

在内电层上的填充意味着这些区域要去铜。完成后 VCC 内电层如图 7-71 所示。GND

内电层去铜方法与之相同。

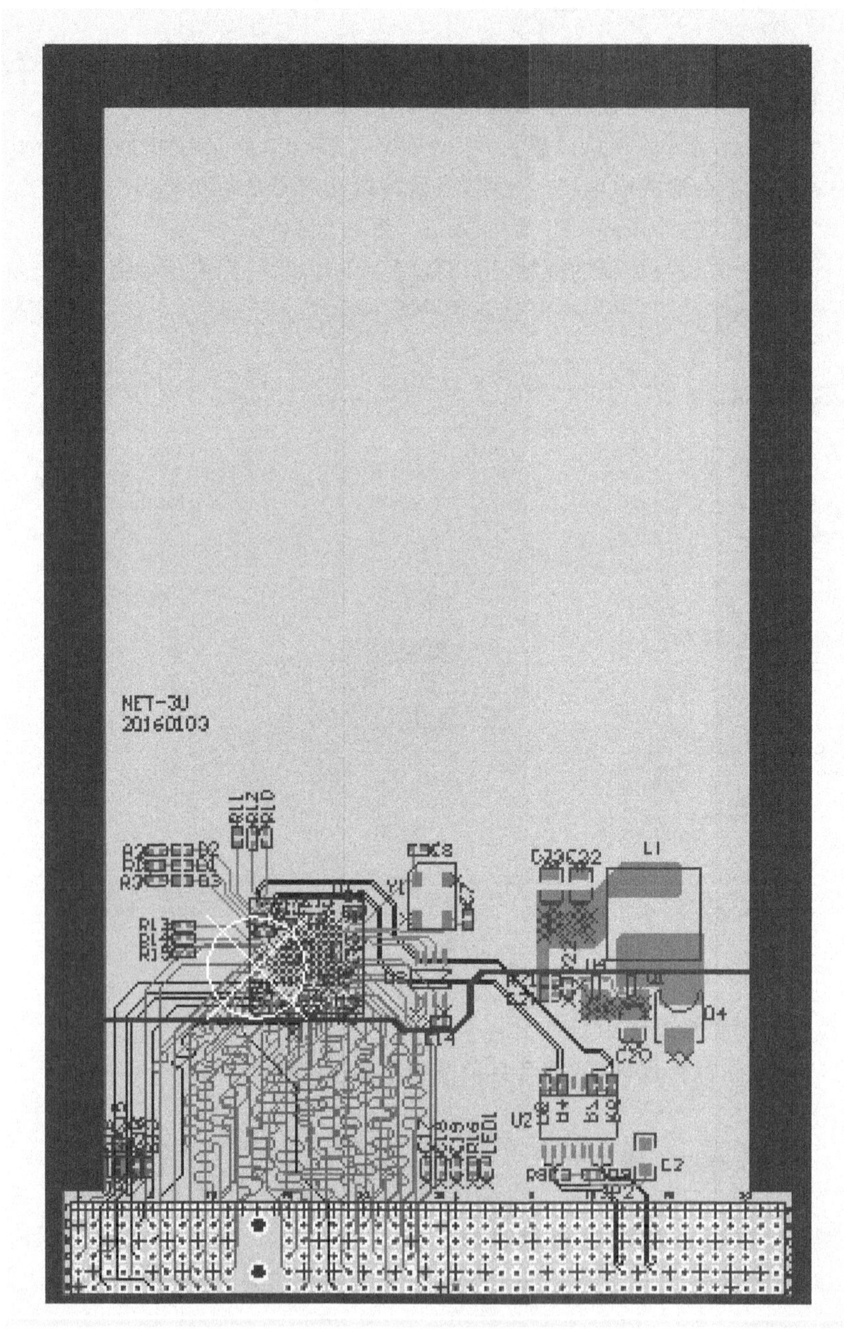

图 7-71　VCC层边缘去铜

7.18　编辑丝印层

按照第5章的方法调整位号的位置和方向，放置PCB版本号和日期。

注意:本章中部分元件放置在 PCB 板背面(Bottom Layer),正确的情况下,底层丝印层(Bottom Overlay)上的位号应该呈镜像显示。完成后的丝印层如图 7-72、图 7-73 所示。

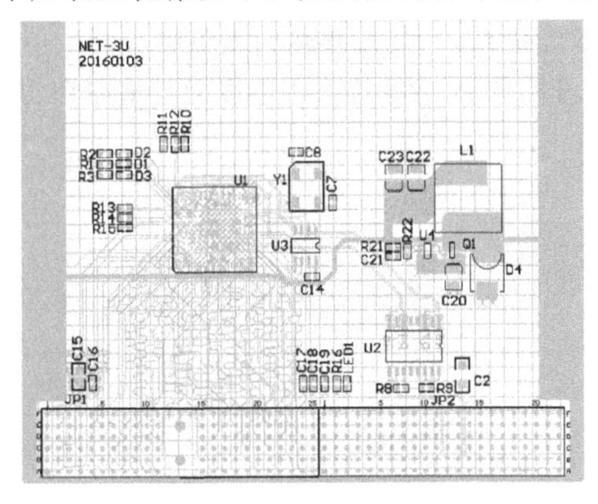

图 7-72　顶层丝印层

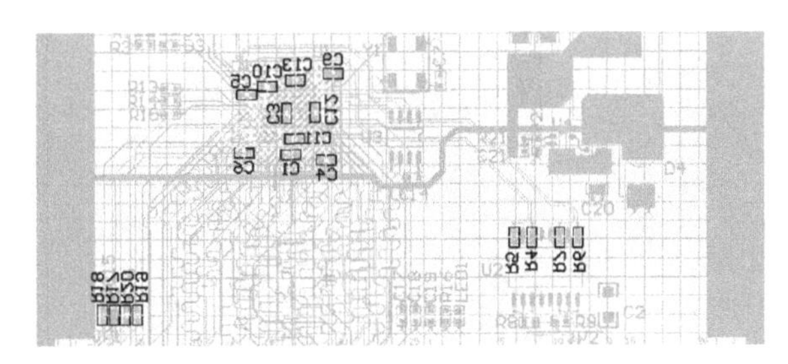

图 7-73　底层丝印层

7.19　设计规则检查(DRC)

PCB 执行 DRC,Messages 面板显示有一个错误:“Starved Thermal on GND:Pad JP1-F13 (8.069 mil, -1218.94 mil) Multi-Layer. Blocked 2 out of 4 entries.”,放大后的 PCB 如图 7-74所示。

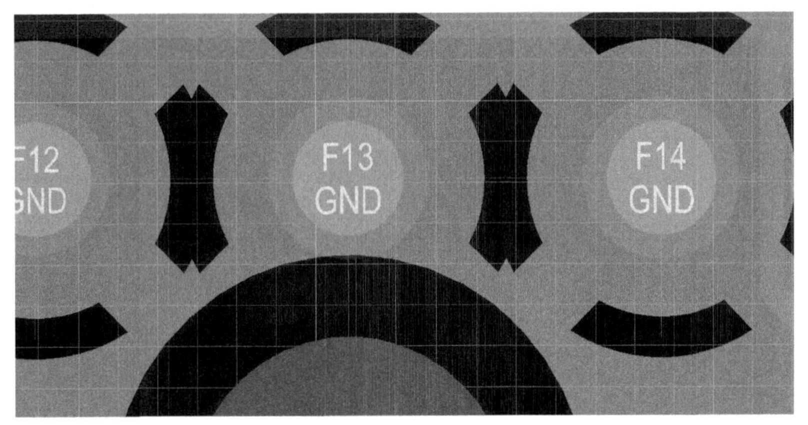

图 7-74　PCB 错误位置

从图中可以看出在 GND 内电层,安装孔的隔离区造成了 GND 网络焊盘的连接导线被破坏,但是并不影响这个焊盘与内电层之间的连接,不用理会这个错误。

注意:针对软件 DRC 时的报错,一定要具体问题具体分析。

至此,PCB 设计完成。可按照第 5 章的方法生成元件清单以方便焊接。

附录　快捷键的使用

A.1　常用快捷键

Altium Designer Winter 09 自带许多快捷键，常用的快捷键如表 A-1 所示。

表 A-1　常用快捷键

功能	键盘操作	适用环境
放大	Page Up	原理图和 PCB 设计
缩小	Page Down	原理图和 PCB 设计
变换单位(mil 和 mm)	Q	原理图和 PCB 设计
画导线	P L	PCB 设计
布线时直接换层(并打过孔)	*	PCB 设计

A.2　快捷键的设置

Altium Designer Winter 09 中 PCB 编辑器的快捷键可以在软件中自行定义。具体方法如下：

(1)打开 PCB 文件，执行菜单命令“DXP\Customize...”，打开自定义对话框，如图 A-1 所示。

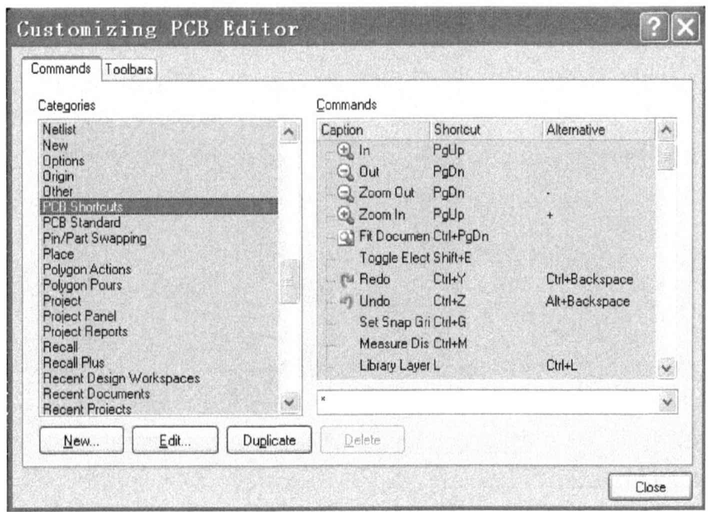

图 A-1　自定义对话框

(2)Commands 选项卡下,窗口左侧点击“PCB Shortcuts”选项,窗口右侧出现快捷键设置,可以在窗口右侧直接修改。

(3)以“Next Signal Layer”功能为例,该功能就是在布线时直接换层,并打过孔。软件默认的快捷键是 Multiply,即乘号“ * ”,如图 A-2 所示。由于许多笔记本电脑已省略键盘上的“ * ”按键,因此需要更改快捷键。

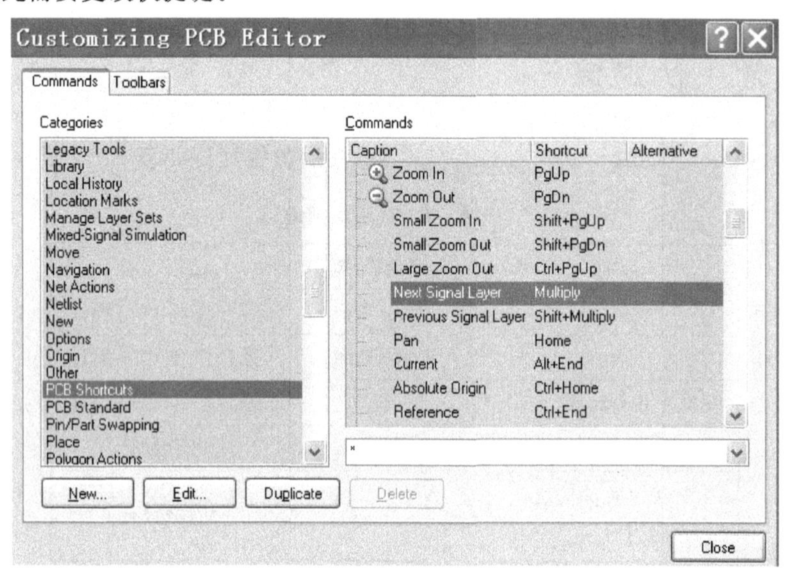

图 A-2 “Next Signal Layer”快捷键

(4)双击右侧窗口的“Next Signal Layer”项,弹出设置窗口,如图 A-3 所示。选中 Shortcuts 选项卡里的 Primary 属性,再直接输入要设置的快捷键即可,如设置为“0”键,如图 A-4 所示,点击“OK”按钮结束。

图 A-3 设置窗口

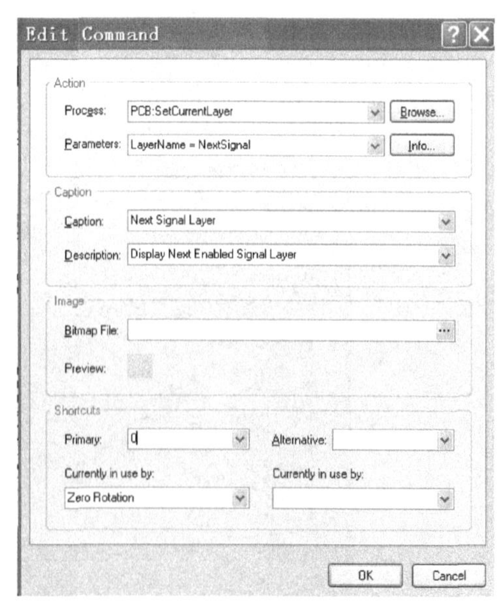

图 A-4 更换快捷键

(5)设置完成的快捷键对所有 PCB 文件有效。

A.3　菜单快捷键

Altium Designer Winter 09 的菜单都可以使用快捷键执行,菜单中带下画线的字母就是菜单的快捷按键。

如执行菜单命令“Place\Interactive Routing”,就可以通过在键盘上直接输入“PT”来完成。

A.4　结论

设计 PCB 时,往往是右手操作鼠标,左手操作键盘。熟练掌握快捷键的使用,可大大提高设计效率。

参考文献

[1] SAMSUNG ELECTOR-MECHANICS. Thick-film chip resistor[EB/OL]. 2017. http://www.semlcr.com/global/product/passiv-component/chip-resistor/general-resistor/index.jsp.

[2] SAMSUNG ELECTOR-MECHANICS. Multi-layer ceramic capacitors[EB/OL]. 2013. http://www.semlcr.com/globle/product/passive-component/mlcc/general-n-high-cap/index.jsp.

[3] SAMSUNG ELECTOR-MECHANICS. Solid tantalum capacitors[EB/OL]. 2012. http://www.semlcr.com/globle/product/passive-component/tantaluml/index.jsp.

[4] 杨建国. 你好,放大器[M]. 北京:科学出版社,2017.

[5] 零点工作室,刘刚,彭荣群. Protel DXP 2004 SP2 原理图与 PCB 设计[M]. 北京:电子工业出版社,2007.